与时代同行
1997~2018

广 东 轻 工 职 业 技 术 学 院
产品艺术设计专业校友作品集

KEEP UP WITH THE TIMES

桂元龙 伏波 主编

中国财经出版传媒集团

经济科学出版社
Economic Science Press

与时代同行

1997~2018

卢坤建

校友是我们的金色名片

　　校友是大学精神的重要传承者，是学校影响力的重要体现，是学校十分珍贵的财富和资源，更是学校建设、发展、砥砺前行的见证者。广东轻工职业技术学院今日之成就是一代代"广轻人"不懈努力和奉献的结果，是所有"广轻人"的骄傲与自豪。近年来，学校一直致力于加强与广大校友的联系，推动校友与母校的互动合作、互利共赢，发挥好校友资源的榜样育人作用。

　　值此建校 85 周年之际，为进一步展示产品艺术设计专业校友在艺术创作、设计领域所取得的成就，传承艺术发展的脉络，弘扬广轻精神，特集结学校 1997 届以来多位校友的两百多件优秀艺术设计作品，仅供悦赏。

　　这本《与时代同行 1997~2018——广东轻工职业技术学院产品艺术设计专业校友作品集》（以下简称《作品集》），是对校友多年艺术创作和设计实践成果的一次集体呈现与分享。尽管这些作品的主题多元、风格各异，但从细微之处都能看出，他们在经过母校培养和社会历练之后的共同之处，那就是：对精神的追求、对艺术的执着、对个性的尊重、对生命意义的探究，从中我们既能深刻地感受到艺术的力量，又能体味学术的厚重，在广东轻工职业技术学院85年的发展历史画卷中，增添了浓墨重彩的一笔。

　　这本《作品集》不仅是学校和广大校友之间的一座艺术与学术交流的"桥梁"，更是彼此情感交融的"纽带"。我们相信，通过这种具有纪念意义的特殊形式，必将进一步增进校友与母校的深厚感情。

　　我们的艺术设计学院是经过一代代"广轻人"的努力，在原学校美术系等基础上逐渐发展起来的。它已成为全国同行中的办学品牌，有数以万计的优秀毕业生活跃在业界，有一大批校友作品成为时代的经典之作、传世之作，为祖国的经济社会发展做出了重要的贡献。我们相信，今后将会有更多的校友作品汇集到不断创新的经典之作中来。

　　感谢校友们对《作品集》的出版付出的积极努力！也期待你们对母校的发展建设给予更多的关注、更大的支持！

广东轻工职业技术学院院长、博士后、教授

2018 年 9 月于广州

与时代同行
1997-2018

胡启志

中国工业设计的探路者与实践者

　　南粤文化历史悠久，广东省制造业享誉全球。这里既是工业设计产业最为集聚的区域，也是工业设计需求最为旺盛的区域。工业设计在广东省萌芽于高校，发端于需求，勃兴于产业。正是高校的先行者们睿智地审视世界、敏锐地捕捉趋势，才有了工业设计作为一个专业被系统构建，才有了设计人才和设计思想的输出和传播。作为广东省在校生数量规模最大的广东轻工职业技术学院（以下简称广轻）艺术设计学院，每年为珠江三角洲和广东省不断输送大批工业设计的实用人才。广轻艺术设计学院有一支实践经验丰富、业务能力强的"双师型"教师队伍，非常注重学生职业技能的培养。学生在这里接受职业基础教育、培养设计思维、掌握扎实技能，在南粤这块设计创新的"沃土"上，被誉为"最接地气"的毕业生，他们在服务产业经济和产品创新的实践当中，不断地提升职业能力和水平，创造设计创新的价值，得到市场和业界的普遍好评。面对新时代制造业高质量发展的要求，面对技术、工艺、制造、商业模式变化等社会经济突飞猛进的发展，广轻艺术设计学院践行"产教融合""双精准育人"的专业建设道路，探索出了一条不平凡却行之有效的路径，得到了全社会、全行业的关注与肯定。我们有理由相信，具备广轻特色、基于全产业链的高技能高职设计创新人才培养模式，必能结出累累硕果。

当前，我国经济正处于由高速增长转向高质量发展的阶段，习近平同志强调，推动高质量发展是我们当前和今后一个时期确定的发展思路。推动制造业高质量发展是实现经济高质量发展的重要支撑，而工业设计处于制造业的前端，决定着制造业的质量和品质，是高质量发展不可或缺的重要环节。制造业的转型升级和高质量发展对工业设计而言既是机遇也是挑战，如何把握和适应新时代制造业高质量发展的要求？工业设计的发展面临新命题、进入新阶段，并体现在如下几个方面：一是工业设计要力争成为推动制造业高质量发展的核心动力之一，为广东省制造的"中国制造"注入新的内涵和品质；二是工业设计要以提高原创设计能力作为目标，从过去以消化吸收为主的逆向设计转向以原始创新、综合集成为主的正向设计；三是工业设计要主动、快速适应新技术和新模式的变化，在设计与技术双轮驱动创新模式上，主动作为，更多地从满足需求出发，从市场端的驱动来规划产品的使用、体验功能，来统筹新技术、新材料、新工艺、新模式的应用，引导新技术、新模式与工业设计融合，推动工业设计的创新发展。

通过这些年以本书中的"广轻人"为代表的广大工业设计者们的努力探索和实践，通过我们一直在推动和发展壮大的"省长杯"工业设计大赛的平台，能够令人欣喜地看到，我们的工业设计正在发生一些重要的变化——工业设计的服务应用领域正在从面向终端消费者向兼顾面向生产过程和操作者的领域转变；工业设计的服务深度正在从设计产品提高产品的适用性设计向实现功能、提升性能的设计转变；工业设计专业机构规模和能力正在从规模小、服务链条短向高端综合设计服务能力、系统解决方案能力和原始创新设计能力方向转变。在这个转变过程中，能够日益清晰地看到，工业设计的价值在不断增大，设计的产业链、价值链也在不断向各个领域延展。但是，依循技术、生活方式和文化构成的逻辑架构和主线，我们工业设计的发展还任重道远，特别是文化逻辑的构建与滋养，才是广东省乃至中国真正成长为世界设计强国的根本，也将对我国的工业设计发展产生更为深刻而长远的影响。因此，在我们不断前行的探索与实践中，我想借习近平总书记的一句话，提出新时期广东省工业设计的"三来一补"：即"不忘本来、吸收外来、面向未来，补足短板"，并以此与中国工业设计的探路者、实践者们，与孜孜前行的同道者们共勉！

谨此祝贺广东轻工职业技术学院85周年华诞！祝贺《与时代同行1997~2018——广东轻工职业技术学院产品艺术设计专业校友作品集》出版发行！

广东省工业设计协会会长、高级工业设计师
2018年中秋于广东省顺德

与时代同行

1997~2018

桂元龙

与时代同行

    在举国上下同庆改革开放 40 周年的日子里，我们将迎来广东轻工职业技术学院 85 周年华诞。作为校庆的献礼——《与时代同行 1997~2018 ——广东轻工职业技术学院产品艺术设计专业校友作品集》即将付梓，本书的出版不仅具有纪念意义，也深具现实意义。它展现了广大校友对母校培养和教育的感念，承载着"广轻人"薪火相传的学脉和精神。

    产品艺术设计专业校友的作品原计划是作为《广东轻工职业技术学院艺术设计学院校友作品集》的一个部分。但在作品收集的过程中，发现产品艺术设计专业校友的热情非常高，作品数量很多，且契合当下中国产业的"创新驱动力"需求，与我国政府倡导的以设计创新来推动产业转型升级、引领新技术、新产业、新业态发展的主题高度一致。产品设计专业群的教师们提议，将产品艺术设计专业校友作品形成一个独立的分册，这一想法得到了校领导的高度肯定。

    产品艺术设计专业群和艺术设计学院一样，是伴随中国改革开放的步伐，一步步发展壮大起来的。最初是美术科下面的一个产品设计专业，因为地处我国改革开放的前沿地区的广东省，得"广交会"及"粤港澳市场"与制造业集群发展资源的天然便利，伴随着珠江三角洲制造业的高速成长，迎合战略性新兴产业、高端制造业与现代服务业的兴起，经历三十多年的积淀才逐渐形成了今天的格局，其中包含：产品艺术设计专业、游戏设计专业、文化生活品设计、玩具设计、家具设计和交互设计等专业方向，拥有在校生约 1200 人的规模。

产品艺术设计专业群自 20 世纪 90 年代中期开始，就一直探索践行走"产教融合、双精准育人"特色的专业建设道路。从最初零星地将来自企业的案例直接引入课堂，模拟项目开展的方式来组织课堂教学；到 2008 年前后《产品设计》精品课程建设期间，较系统地提出的"工学交替，项目驱动"式教学，依照设计公司真实项目开展的顺序与作业规律来组织教学活动，双方教师共同参与指导，推动"课堂作品"向"项目成果"的转换；逐步地探索发展到近年实施的"工学商一体化项目制课程"教学，基于产品设计全产业链的关系，以需求来引领和验证理论与实践相结合的教学效果，较全面、系统地在"作品"与"商品"之间建立起等式关联。基本上形成了一套具备广轻艺术设计学院特色的，高技能产品艺术设计创新人才培养模式。至今教学、创作、竞赛和科研成果显著，人才培养硕果累累。

时光荏苒，岁月不居。一届又一届的毕业生走出广轻校门，在工作岗位上施展才华，取得骄人的业绩。这部作品集收录了自 1997 届以来，广轻产品艺术设计专业 85 位校友的 258 件被企业采纳的设计作品。从中我们可以看到，广轻学子在社会大市场中不断磨炼、修为，由青涩到成熟的设计创新成长之路；同时，这些来自生产一线的作品，也是中国制造产业成长与经济转型升级的一个见证。

当今，我们正身处一个科技剧烈变革、社会发展不断创新的时代。全球经济联系之紧密、信息共享之快捷、思想碰撞之激烈……深刻地改变着我们的生活。科技的飞速发展将人类社会带入到云计算、物联网、大数据、智能化的潮流之中。新技术、新产业、新业态、新模式更迭周期不断缩短，对产品艺术设计提出了更多、更高的要求。

我们正面临着一个充满机遇和挑战、大有可为的时代。我国的改革开放将丰富多彩的世界前沿变革带进了中国，也让一个生机勃勃的中国日益在世界的"舞台"大放异彩。"四个全面"布局、"中国梦""一带一路"倡议、大众创业万众创新、中国制造 2025、创新驱动发展、供给侧改革……国家这一系列新兴战略蕴藏着无限的机遇，每个设计者都有成功和出彩的可能。

新工科、新文科建设是在科技迅猛发展的背景下，对传统学科与专业的再定义，需要"技术与人文并存"的"理性之光来照耀"。新时代的产品艺术设计要主动拥抱新技术，适应新一轮产业变革，更应该关注人从精神到物质的多层次需求、挖掘优秀传统文化内涵、研究当代人的生活，要坚持"为美好生活服务"的初心，以工匠精神通过设计创新赋予产品有意义的内涵，为用户创造新的价值。

艺术是生活的升华，设计是艺术的呈现。让我们与时代同行，用设计美化生活，用艺术点亮人生。

广东轻工职业技术学院艺术设计学院院长、教授、高级工业设计师

2018 年 9 月于广州

广东轻工职业技术学院概况

广东轻工职业技术学院创建于 1933 年，是广东省属唯一的国家示范性高等职业院校，前身是"广东省立第一职业学校"，至今，学校已有 85 年的职业教育历史。学校秉承"德能兼备，学以成之"的校训和"自强、敬业、求实、创新"的广轻精神，为珠江三角洲地区乃至全国输送了数万名高素质、高技能的应用型人才。现有广州和南海两个校区，校园总面积 1500 多亩。

学校办学成果优异，是广东省唯一拥有 5 个省级工程技术开发中心的高职院校，是同时拥有省级协同发展中心及协同育人平台的两所高职院校之一，是全国第一批教育信息化试点单位、全国高校思政研究会高职高专专业委员会副会长单位（广东省会长单位）、全国群众先进单位、全国高职"一校一品"示范单位、全国社会实践工作优秀单位、广东省依法治校示范校单位、广东省创新创业示范校单位、广东省安全文明校园示范校单位、广东省示范职业教育集团、广东省集团化办学单位。多功能文化食堂、智能垃圾分类系统等创新性后勤改革领先全国。

学校专业集群优势明显，师资队伍结构合理，业务水平高。现有食品与生物技术、轻化工技术、信息技术、汽车技术、机电技术、生态环境技术、艺术设计、财贸、管理、应用外语与国际交流、创业、马克思主义等 12 个二级学院，在校学生达到 21700 多人，共有 73 个专业。

学校现有教职工 1200 余人，其中，高级职称教师 400 余人（二级教授 9 人），珠江学者 8 人，"双师"素质教师 598 人，获得各种荣誉的专家、学者众多，学校在广东省高职院校教师队伍建设考核中连续三年排名第一。

学校教学成果丰硕。已建成国家示范性专业 4 个，中央财政"支持高等职业学校提升专业服务产业发展能力"项目经费支持专业 2 个，省级示范性专业 3 个，省级重点（建设）专业 13 个，省级品

牌专业建设项目 13 个；建有国家级精品课程 10 门，国家级精品资源共享课程 9 门，全国高校职业发展与就业指导示范课程 1 门，国家教指委精品课程 22 门，省级精品课程 21 门，省级优质课程 2 门；建成省级精品开放课程 3 门；立项省级精品开放课程 36 门；建成国家级教学资源库及备选资源各 1 个。

2009 年以来，学校共获得国家级优秀教学成果二等奖 10 项，省级优秀教学成果一等奖 9 项，省级优秀教学成果二等奖 5 项。

学校职教特色明显，人才培养质量高。通过构建职业教育"立交桥"，全面实施"纵向延伸，横向拓展"的协同育人模式，积极开展"3+2"中高衔接、"2+2"高本联培、"3+2"高本衔接、工程硕士培养等多种形式的协同培养，搭建起"中－高－本－硕"现代职业教育体系框架。

连续多年，广东省参加全国高考第一志愿填报我校的上线考生人数，均在我校计划招生人数的 3 倍以上。文、理科实际录取分数均高于省控本科分数线。

学校毕业生深受用人单位的欢迎，其专业对口率、对母校的满意度和入职后的薪资水平，均高于全国示范校的平均水平，用人单位对我校毕业生的满意度达到 99%。

学校产教融合、社会服务能力强，并不断构建和完善政、校、行、企协同促进产教融合的长效机制，搭建了轻工行业应用技术协同创新发展中心、广东

轻工职教集团、南海职业教育政校行企协同创新联盟、国家中小微企业知识产权培训基地等产学研创新、科技研发与转化平台。我校与华为集团等世界 500 强知名企业合作，成立了多个产业学院，实现了校企合作育人。

学校坚持对外合作，国际化办学水平高。2017 年累计已招收来自世界 30 多个国家（或地区）的 200 余名留学生。学校牵头组建了广东省"一带一路"职业教育联盟，输出了广轻职教模式，参与服务了"一带一路"沿线国家及地区，国际化办学呈现崭新的气象。

学校依托"广东轻工培训中心""广东省专业技术人员继续教育基地"和"广东省职业技能鉴定所"等平台，积极开展面向社会的培训工作，与本科院校合作进行网络远程教育，举办网络远程直属班，在深圳市、珠海市等地设立校外教学点。

"十三五"期间，学校将遵循"三大一强"的院校治理理念，围绕"创新强校工程"及一流高职院校建设，努力把广轻建成"中国特色、国际知名"的国家优质高职院校，成为高职院校治理的标准与典范，成为培养高素质技术、技能型人才的教育典范。

与时代同行
1997~2018

艺术设计学院简介

SCHOOL OF ART & DESIGN

广东轻工职业技术学院
GUANGDONG INDUSTRY POLYTECHNIC
艺术设计学院

艺术设计学院是广东省轻工职业技术学院"十三五"规划重点建设二级学院，其前身是设立于1975年的广东省工艺美术学校。学院秉持"培时代栋梁，育设计英才"的理念，长期在促进广东省乃至全国高职艺术设计类专业建设与人才培养等方面发挥着引领作用。

学院共开设有20个专业和方向，在校学生达4300多人，团队规模大、声誉优、影响力强，历年新生录取分数与报到率均高居广东省高职院校前列，学习氛围浓厚，形成了"自信自律、创新创业"的校园文化。学生敢于参加大赛，近十年斩获的国内外重要竞赛的奖项达1200多项，此成绩在全国高校比较罕见。学院毕业生就业率平均在96%以上，人才素质广受就职单位称颂。

学院现有专职教师138名，其中有教授9名、副教授26名、"双师型"教师72名。获得的荣誉有"全国技术能手""全国模范教师""国家级教学名师""中国工业设计十佳教育工作者""广东省五一劳动奖章""金尺至尊奖""金教鞭奖""广东省教学名师""南粤教坛新秀"和"金牌讲师"等，学院还拥有"国家级教学团队"，形成了一支由"双师型"实力派教师组成、专业集群效应明显、梯队

健全的师资队伍。

学院以"开放、务实、创新、共赢"为指导思想，围绕"培养具有大设计意识、国际视野、人文情怀与工匠精神的高技能设计创新人才"的目标，运行"工、学、商一体化项目制课程"的设计创新人才培养模式，走产教融合、协同创新的办学道路，汇聚国内外资源共同参与人才培养。目前已与本土多家知名企业联合共建产业学院、实训实验平台、研发中心、项目课程，以及合作推进教学成果的产业化落地。教师社会实践与科研能力相互促进，近年共取得各类科研成果达300多项，获国家及省市级奖项40多个，并形成了教学、科研相长的良好势头，为我国华南地区输送了大批优质设计创新人才。

学院积极参与学校"中 – 高 – 本 – 硕"现代职业教育体系框架的搭建工作，主动推动与亚洲、欧洲以及大洋洲地区知名大学开展学分互认、师资共享、学生互访、协同创新以及2.5+1.5专本连读等多层次的合作，探索艺术设计创新人才的国际化联合培养。

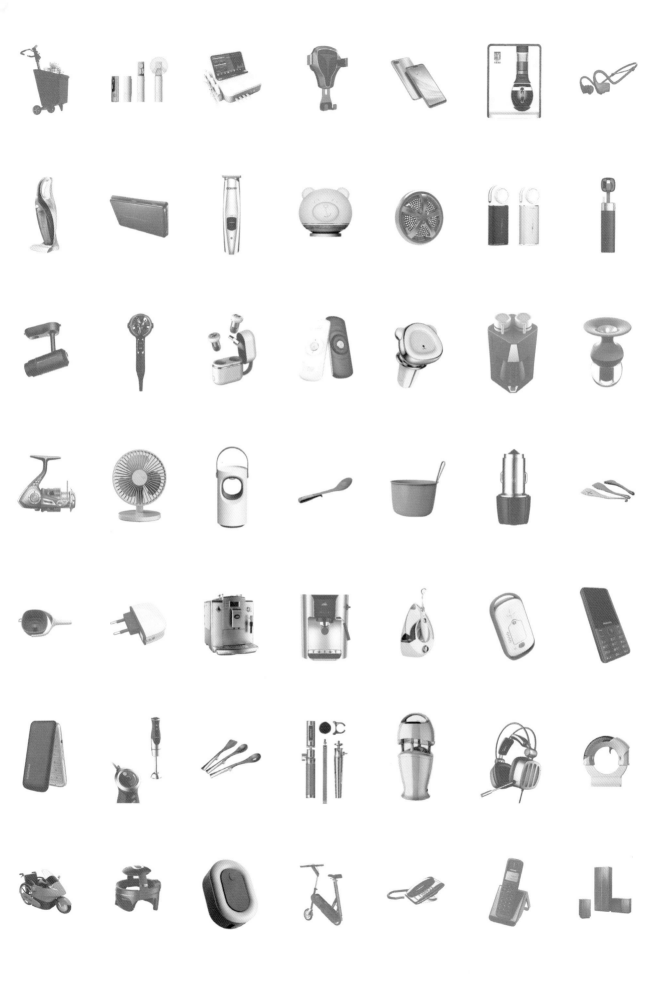

85 周年校庆

85 位产品艺术设计专业校友以

258 件受市场欢迎的作品结集出版为母校献礼

与时代同行
1997~2018

目 录

广东轻工职业技术学院

产品艺术设计专业

校友作品集

与时代同行
1997-2018

目 录

广东轻工职业技术学院

产品艺术设计专业

校友作品集

多功能智能人脸识别考勤机

设计：黎坚满
班级：造型 9408
单位：广州维博产品设计有限公司
客户：广州市真地信息技术有限公司
奖项：红星奖 "中国制造之美" 银奖

　　多功能智能人脸识别考勤机，外观采用大胆的圆形造型，点、线、面元素相互结合，线条简洁、美观的现代设计与市场同类型产品在"气质"上拉开距离，让产品显得饱满、高雅，彰显高贵品质。后壳阶梯式造型，让设计富有层次感，与简洁的面板形成鲜明对比。

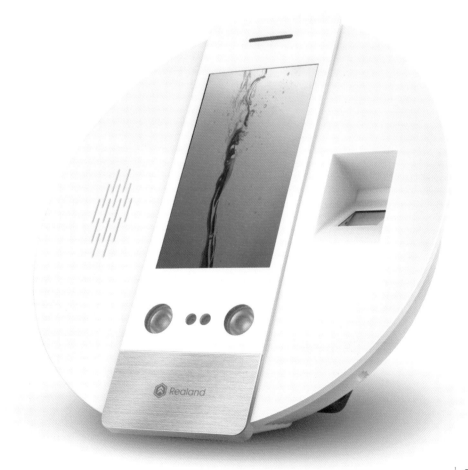

电动便携意式咖啡机

设计：黎坚满
班级：造型 9408
单位：广州维博产品设计有限公司
客户：珠海易咖科技有限公司
专利：实用新型（ZL201621382194.7）
奖项：金点奖　红星奖

　　电动便携意式咖啡机，外型小巧，一机两用，兼容雀巢胶囊和咖啡粉，只要轻按一下按键，轻松萃取制作浓缩咖啡，简单易用，清洗方便。可以通过充电宝、车载电源、USB 电源等外接电源充电，最大压力达到 15 帕斯卡，获得更佳的咖啡萃取质量。拥有这台电动便携意式咖啡机，随时随地为您提供原汁原味的意式咖啡享受！

Button
USB Power

Main Unit

Water container

Powder Basket
Powder Spoon
Silica Filter
capsule Holder

Coffee Base

Coffee cup

全自动智能早餐三件套

设计：黎坚满　陈金锋
班级：造型 9408
单位：广州维博产品设计有限公司
客户：江门市利隆五金电器实业有限公司
专利：实用新型（ZL201621382296.9）
奖项：18th 全国设计"大师奖""卓越设计"产品奖

　　全自动智能早餐三件套包括：智能咖啡壶、智能多士炉和智能电水壶。其采用五金外壳设计，简约的线条高雅、大气，与现代简约家居配套，更显质感、简洁、华丽。电源线内藏设计避免繁琐，符合现代家居的时尚风格理念。

多功能紫外线臭氧杀菌机

设计：黎坚满　陈金锋
班级：造型 9408
单位：广州维博产品设计有限公司
客户：中山市万家惠电器有限公司
奖项：18th 全国设计"大师奖"

　　多功能紫外线臭氧杀菌机，外观采用圆润的球体设计，符合大部分消费者的审美标准，黑色主体搭配动感的蓝色腰线，时尚美观、简洁大方，一键按钮自动开盖，方便实用。

无线紫外线杀菌吸尘器

设计：黎坚满
班级：造型 9408
单位：广州维博产品设计有限公司
客户：中山市龙的电器实业有限公司

无线紫外线杀菌吸尘器是一款一机两用的多功能产品，具有吸尘和杀菌两项功能。让您的清洁更简单方便，容易操作。吸尘器外观线条流畅，有较强的视觉冲击力。吸尘器主机和手持部分有机结合，使本产品与现代家居相融合，成为一件室内流动的艺术品。

无线可充电手持吸尘器

设计：黎坚满
班级：造型 9408
单位：广州维博产品设计有限公司
客户：中山市龙的电器实业有限公司
奖项：红棉奖

无线可充电手持吸尘器，设计灵感来源于"自由跳跃的海豚"。以简洁、流畅的仿生造型表现出吸尘器的流线动感，给人以亲切、可爱的形象特征。上、下壳分模线是运用仿海豚腹、背线条自然结合的设计，根据客户需求搭配多种色彩效果，以配合各种风格家居环境，为现代家居装饰增添了一件美妙的功能型"雕塑"。

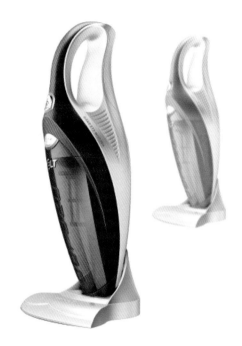

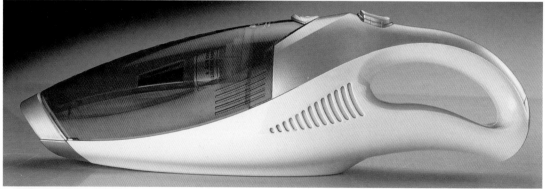

白板笔注墨器

设计：黎坚满　布梓健
班级：造型 9408
单位：广州维博产品设计有限公司
客户：广州和索信息科技有限公司
奖项：红星奖

　　白板笔注墨器，墨水盒替换方便，能循环使用，降低成本经济耐用，。注墨器为按压式，使手与墨水零机会接触，操作过程洁净、简便，只需把笔按位置放好，一键按钮自动注射，大大地节省更换注射时间，延长白板笔的使用寿命。

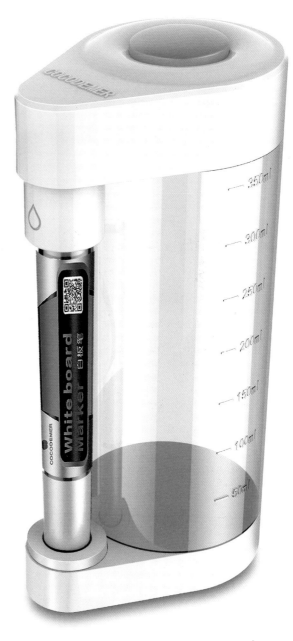

蓝牙数码播放器

设计：黎坚满　布梓健
班级：造型 9408
单位：广州维博产品设计有限公司
客户：东莞市金业电子科技有限公司

　　蓝牙数码播放器，其最大的特点就是支持蓝牙通话，随时连接具有蓝牙功能的设备播放音乐，方便听音乐以及开车的音乐爱好者。该蓝牙数码播放器是一款携带方便、可爱、时尚的现代化电子产品，外观设计的简洁、大方，操作方便、智能。主体与底座组合式的设计，既强调整体性，底座同时又有保护喇叭的作用，底座中间槽位的设计还可以夹放 IPAD 等平板电脑。

蓝牙音响

设计：朱　雍
班级：造型 9409
单位：广州人本造物产品设计有限公司
客户：东莞市乐放电子有限公司

　　三角造型，彰显个性，且有稳重与品位感。双通道＋低音振膜＋科学的声学原理，精致的制造工艺，感受无尽的曼妙，成就你的音乐盛宴。

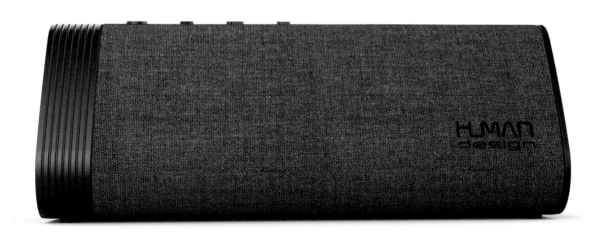

运动蓝牙耳机

设计：朱　雍
班级：造型 9409
单位：广州人本造物产品设计有限公司
客户：东莞市德声实业有限公司

　　后挂式蓝牙运动耳机，可活动的喇叭腔体与软硬适中的硅胶入耳帽，增加了耳机与耳朵的适配性，让佩戴更为贴圆而舒适，磨黑色 CD 纹装饰，有如黑胶唱片般经典，凸显产品的精家质感，配以荧光绿面条线材连接左右，为夜跑增加了炫酷性和安全警示性，让运动更带酷感！

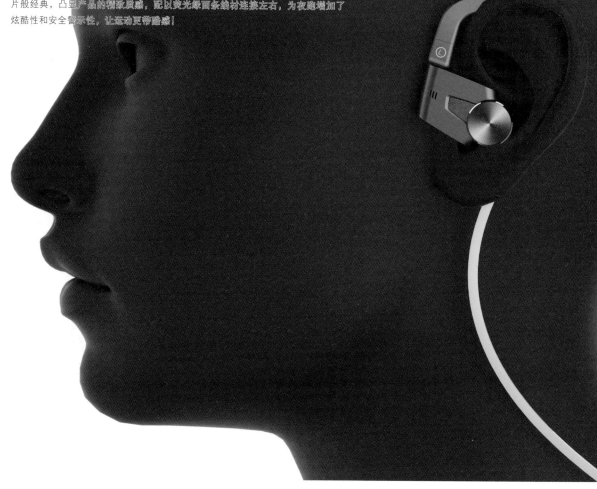

吊坠运动蓝牙耳机

设计：朱　雍
班级：造型 9409
单位：广州人本造物产品设计有限公司
客户：深圳市华冠拓展电子有限公司

这个案子当时客户给出的要求是，摒弃现有的苹果入耳式耳机特色，设计一款与 iPhone 手机风格统一的蓝牙耳机，所以，设计者通过对 iPhone 形态研究，提取了其特有的造型元素——圆润的金属边框和弧边玻璃屏，最后选择了具有进取特征的三角形为基本元素与圆润边框进行有机结合，让耳机的整体风格与 iPhone 手机一脉相承。佩戴时，它将是你的时尚点缀，使用时，它又那么的信手粘来，一切显得那么的自然而然。

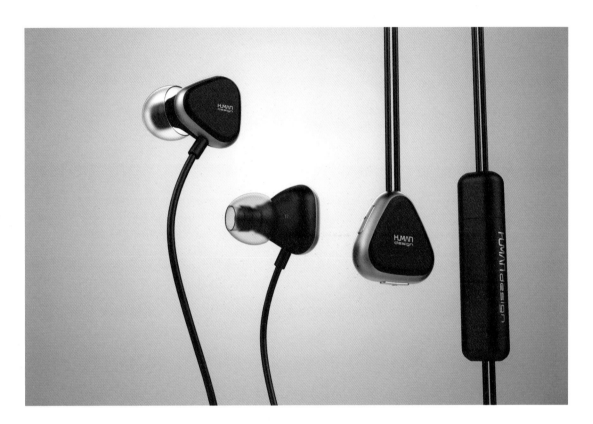

真无线蓝牙耳机

设计：朱 雍
班级：造型 9409
单位：广州人本造物产品设计有限公司
客户：深圳市大智创新科技股份有限公司

　　本产品造型采用"涟漪"的意象，有如音乐的优美传播和节奏韵律之美；不等边的三角形态，契合耳窝的结构，既满足佩戴的舒适性和稳定性，也具自然设计之美。舍弃耳机线的束缚，让蓝牙传输串联成为可能，实现双边巧妙融合，给双耳更为自由、无束的曼妙体验。

蓝牙音响

设计：朱　雍
班级：造型 9409
单位：广州人本造物产品设计有限公司
客户：东莞市乐放电子有限公司

本音响造型是在一个圆球的基础上，进行巧妙的三刀削切而成，具有简洁、巧妙的艺术形态。其后仰倾斜的设计，满足桌面音响近扬声聆听的特点，大大地减少了桌面对音响的反射干扰，也更符合用户的使用习惯。增加振膜，让有限的腔体发挥不凡的低音效果。在控制成本的同时，体现最佳性价比；振膜外露，让功能卖点更加直观，减少销售时对产品的解释，提高产品销售的机率。

USB 充电器产品系列

设计：朱 雍
班级：造型 9409
单位：广州人本造物产品设计有限公司
客户：深圳市伊恩实业有限公司

USB 充电器系列产品设计，有旅行充、车充和桌面充，涉及三种不同应用场景。在设计上除考虑不同情景使用时所涉及的不同人机因素外，还须找到他们的共有形态语言，使产品风格统一，以彰显强有力的"血统"关系，同时，因为它的可变空间非常有限，如何做到简约而不简单，也是设计者该下的功夫。这一系列产品设计，通过圆润、优美的线条作为产品的共同语义元素，赋予光面和哑面的不同质感，及恰到好处的分量，以达到系列化和简约而不简单的自然设计之美。

双扭式高速绞线机

设计：朱　雍
班级：造型 9409
单位：广州人本造物产品设计有限公司
客户：广州市鸿辉电工机械有限公司

双扭式高速绞线机，主要用于正规绞合及多股铜丝、镀锡线、漆包线铜包铝的绞合。本设计通过合理的人机设计，减轻作业时的劳动强度，保障劳动者的健康；降低能耗、提升机器性能，延长绞线机的使用寿命，节省维护成本。同时，新颖的外观造型，打破传统绞线机产品固有的形象，体现产品功能的合理性、技术的先进性和宜人性，从而大幅度地提高了产品的附加值，增强了产品的市场竞争力，为企业带来更大的市场发展空间。

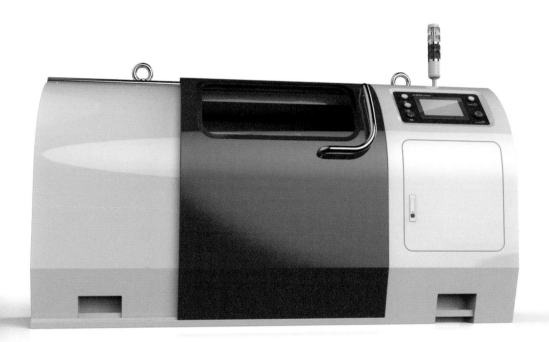

工业级光固化 3D 打印机

设计：朱 雍
班级：造型 9409
单位：广州人本造物产品设计有限公司
客户：广州捷和电子科技有限公司

　　激光快速成型技术（以下简称 SLA）是以光敏树脂为材料，在计算机的控制下，利用紫外激光对液态的光敏树脂进行扫描，从而让其逐层凝固成型。SLA 工艺能以简洁且全自动的方式制造出精度极高的几何立体模型。

本机器性能：
1. 成型件拥有极致的细节和光滑的表面质量；
2. 精度可高达 0.05mm，可制作精密样件；
3. 能轻松地制作出各种结构复杂的零件和组装件；
4. 支持不同性质的树脂材料，满足刚性、细节、耐热性等各项需求，节能、环保、经济。

多功能户外智能应急灯

设计：郭宜清
班级：造型 9409
单位：广州互动概念工业设计有限公司

这是一款多功能户外智能应急灯，适用于户外照明。可当手电筒，可用在户外帐篷内悬挂；遇到危险时，可打开其应急灯。随着科技的进步和社会的发展，良好的应急照明系统是一个相当重要的安全装备，它也为户外救援行动援最大限度地提供了照明帮助。

多功能水果切片机

设计：郭宜清
班级：造型 9409
单位：广州互动概念工业设计有限公司
客户：利惠（英德）五金塑料制品有限公司

在产品智能化的时代，消费者对产品智能化、人性化的要求越来越高。产品不但注重形态美观，还非常注重功能体验良好。

这款多功能水果切片机是设计师精心打造的产品。集视觉形态和多功能为一体设计，给消费者带来方便、轻松、快乐的体验感。

本产品主要应用于厨房。用以切瓜片花、苹果花片和胡萝卜花片等，同时可以削掉果蔬皮。其主要创新点在于：切片不容易割手且操作简单，方便，性能稳定。

切片刀
Slicer

硅胶吸盘稳定性
Stability of silica gel sucker

多功能圆形刀

设计：郭宜清
班级：造型 9409
单位：广州互动概念工业设计有限公司
客户：广州市番禺大石朝阳五金制品厂
奖项：红星奖

　　设计源于生活，生活离不开设计。新一代圆形刀设计也源于生活实用。其在整个外观的设计中，采用圆形的大胆造型，点、线、面元素相结合，线条简洁、美观，与市场同类型产品相比"气质"独特，使产品显得饱满、高雅、安全，其设计富有层次感和时代感。

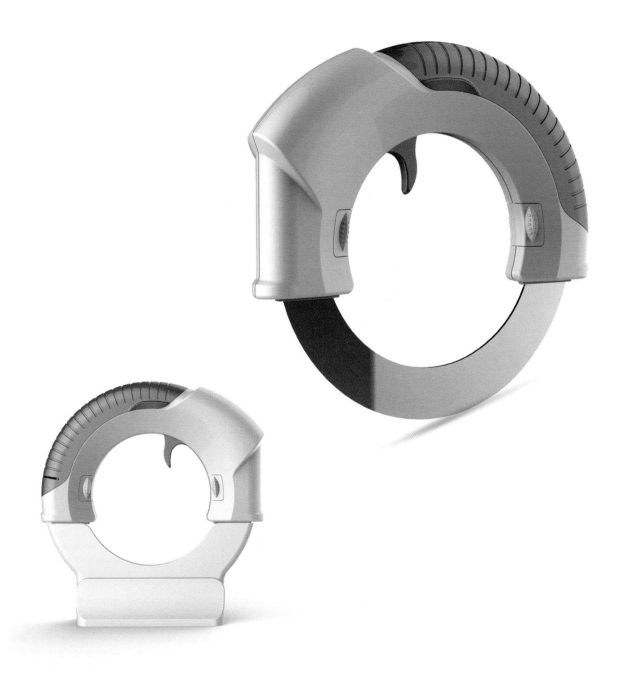

头部按摩器

设计：郭宜清
班级：造型 9409
单位：广州互动概念工业设计有限公司
客户：康烛医疗器材有限公司

　　这款头部按摩器，可用于头部穴位按摩、颈椎按摩，还带有 VR 的头部按摩器。在按摩过程中也可以听音乐看电影，并可在手机上操作。打开手机 APP，轻松操控，选择你所需要的功能。

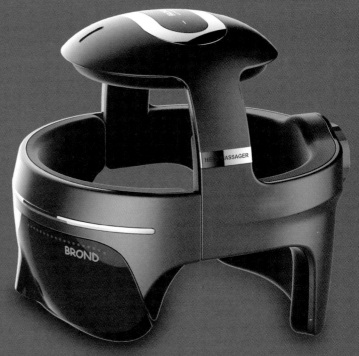

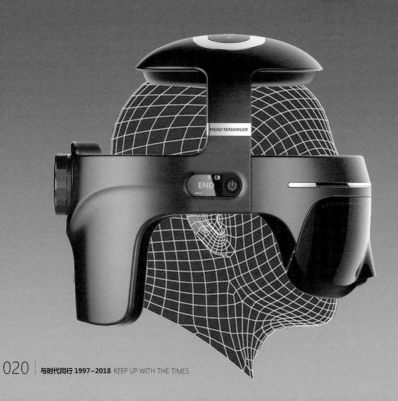

折叠式自行车

设计：郭宜清
班级：造型 9409
单位：广州互动概念工业设计有限公司
客户：广州飞跃自行车有限公司

　　这款电动自行车采用太阳能充电，折叠方便，其座位和车头，脚踏部位都可以折叠，方便携带出行。其由车架折叠关节、立管折叠关节等结构构成。通过车架折叠，将前后对折在一起，可减少一半左右的长度。

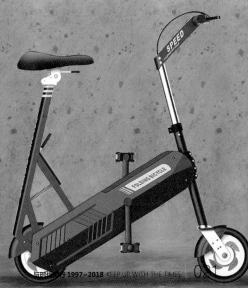

自助组合式电动轮椅

设计：郭宜清
班级：造型 9409
单位：广州互动概念工业设计有限公司
客户：广东凯洋医疗科技集团有限公司
奖项：2015 年佛山"市长杯"工业设计大赛优秀奖

　　本"自助组合式电动轮椅"的主要创新点体现在以下三方面：

　　1. 自助性。轮椅和动力头的组合与分离可以由使用者自主完成，操作简单无需别人帮助。

　　2. 组合性。组合前轮椅和动力头各自独立，能完成现有轮椅的所有功能。组合后是一部完整的前轮驱动三轮电动轮椅，续航距离可达 80km，速度 ≤ 20km/h。

　　3. 通用性。本款动力头既可以与专门设计生产的轮椅配合，组成完整统一性强的电动轮椅，也可以利用简单的结构连接件与普通轮椅相结合组成电动轮椅。

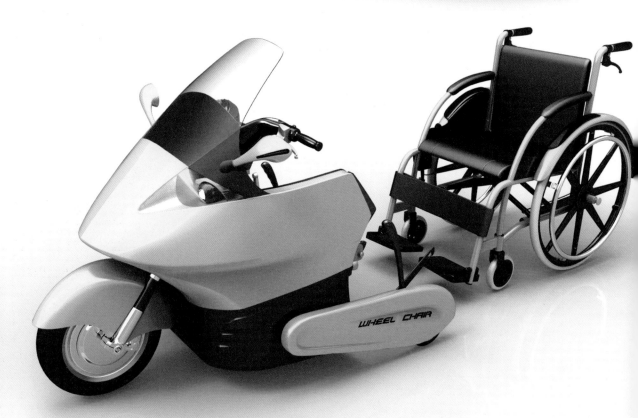

Mellow Z1 边桌音箱

设计：黄海滔
班级：造型 9510 班
单位：广州极至设计有限公司
客户：东莞市蓝人电子科技有限公司

　　巧用现有成熟的技术进行跨界整合，将家具与电子产品融合，形成跨界新品类。为用户提供消费升级的创意产品，也为企业增加更多的订单。是典型的以设计创新协助企业转型升级。

Rever 儿童 3D 打印机

设计：黄海滔
班级：造型 9510 班
单位：广州极至设计有限公司
客户：广州捷和电子科技有限公司

本项目的规划是针对 3~12 岁儿童的基础教育，从软件、硬件及平台运营全面考虑生态发展。外形酷似机器人。更讨小朋友喜欢。整体化设计、前面透明护盖、背后料仓、开仓保护各个细节都是为了避免儿童因误触产生危险，同时兼顾了整体尺寸尽量小巧及美观性。

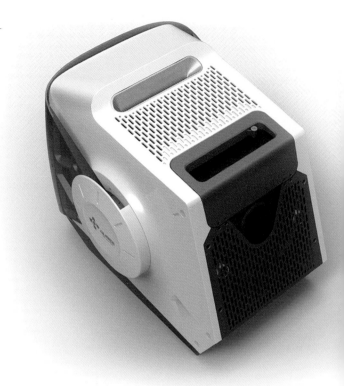

Mac Book 笔记本专用充电宝

设计：黄海滔
班级：造型 9510 班
单位：广州极至设计有限公司
客户：稻兴智谷信息科技有限公司

　　虽然 Mac Book 笔记本的待机时间超长，但在长时间出差旅途中，此款产品能持续为笔记本供电超过 4 小时。还使用户避免了到处寻找插座的麻烦。

飞利浦电话机系列

设计：黄海滔
班级：造型 9510 班
单位：广州极至设计有限公司
客户：荷兰皇家飞利浦公司

　　5 年里，为飞利浦品牌设计的整个电话机系列产品，助力其连续多年成为全国销售冠军。其中型号 118 的机型从 2015 年开始连续 3 年蝉联单品销量冠军，宽比例的特征革新了整个行业的观念，这个效应持续影响整个行业至今。

Mavic 无人机便携单肩背包

设计：黄海滔
班级：造型 9510 班
单位：广州极至设计有限公司
客户：Penna Design Co., Ltd.

　　Mavic 作为 DJI 颠覆性机型，应有一款与之搭配、便于摄影师日常携带的背包。此款单肩背包充分考虑了用户在户外的各种情况，结合人体工学因素，通过合理的分区设计，用户不需要取下背包就能轻松取出各种物品。内置 EPP 内托保护无人机，迎合摄影爱好者对设备的呵护诉求。

钢制办公家具形象设计

设计：黄海滔
班级：造型 9510 班
单位：广州极至设计有限公司
客户：洛阳丰力办公家具有限公司

    从产品研发的理念出发塑造企业形象，使得企业形象不再是
华而不实的概念。本案围绕着时尚、美学、好用的产品设计理念，
展开升级企业的商标、网页、制服、产品等形象，使得企业视
觉形象与产品开发理念达到一致。

火系列酒店电话机

设计：黄海滔
班级：造型 9510 班
单位：广州极至设计有限公司
客户：肯特智能技术（深圳）股份有限公司

优雅、流畅的外形体现出品质与品味，既满足通话功能，又满足酒店装饰。此设计成为全球所有五星级以上的酒店标配，打破行业对于电话机只满足于功能的传统观念，使企业摆脱低价竞争困境，提升了企业在行业内的形象。

饮料、日化瓶型包装设计

设计：黄海滔
班级：造型 9510 班
单位：广州极至设计有限公司
客户：广州立白企业集团有限公司 屈臣氏集团（香港）有限公司 加多宝（中国）饮料有限公司

　　从 2006 年起，为立白集团及其旗下所有品牌的瓶型包装进行设计。2012 年起，为屈臣氏设计所有软饮包装。虽然仅仅是一个瓶子，但除了考虑外形优美、吸引人，设计过程还需要考虑运输、陈列等因素。其中，"好爸爸""去渍霸""超威"等多个品牌、多个产品打败洋品牌，成为行业标杆，被众多竞争对手模仿。

咖啡机

设计：陆华昌
班级：造型 9711
单位：广州浩品工作室
客户：伊莱克斯（中国）电器有限公司

　　这是一款滴漏式咖啡机，并带蒸汽可给杯子消毒。造型简练，通过减法提炼到极致，水柱三角设计，方便多视角视测。

耳塞

设计：陆华昌
班级：造型 9711
单位：广州浩品工作室
客户：东莞森麦电子有限公司

　　本款耳塞设计的出发点是美观、优雅，可作为一件配饰、一件艺术品佩戴，是视、听结合的盛宴。外圈除了装饰还起到二重隔音的作用。

渔线轮 – 纺车轮

设计：陆华昌
班级：造型 9711
单位：广州浩品工作室
客户：宁波瑞宝渔具有限公司

　　采用铝合金材质。设计以切割面表现，整个背部运用切面达到纤薄，线轮采用铝合金锻造，阳极处理，做了大镂空设计，配合六培林设计，尽显高端、大气、上档次。

渔线轮 - 傻瓜轮

设计：陆华昌
班级：造型 9711
单位：广州浩品工作室
客户：宁波瑞宝渔具有限公司

　　采用全铝合金材质，超大放线按钮设计，简便易用。特点包括：卸力按钮，防滑齿轮，方便调节；防刮线设计，不伤线，出线流畅；手柄镂空设计，减轻重量，把手采用防滑软胶。

压力咖啡机

设计：黄孙权
班级：造型 9711
单位：自由设计师
客户：万事达（杭州）咖啡机有限公司

    本设计出于为 JAVA 打造国际品牌设计的理念，用欧洲简约风格量身打造，颜色采用银灰色搭配光亮黑色，把三合一功能设计融为一体，令人品味不同功能的极致魅力！

    经过多年消费者体验，JAVA 被多次用于大型会展中，如 2008 年北京奥运会，2010 年上海世界博览会，2014 年 APEC 峰会，2016 年 G20 峰会，2017 年金砖国家峰会，2018 年 JAVA 再一次于上海合作组织峰会上亮相。

咖啡机中心

设计：黄孙权
班级：造型 9711
单位：自由设计师
客户：万事达（杭州）咖啡机有限公司

　　JAVA 全自动咖啡机器的设计可以充分释放咖啡的奥妙芳香风味。JAVA 全自动咖啡机拥有时尚的设计，巧妙、易用、智能化的功能，每一个构思精巧的细节都是为使您享受浓醇的咖啡体验。
　　JAVA 多次在国际展会和国家一些重要的国际会议上被使用，如 2008 年北京奥运会，2010 年上海世界博览会，2014 年 APEC 峰会，2016 年 G20 峰会，2017 年金砖国家峰会，2018 年 JAVA 再一次于国家上海合作组织峰会上亮相。

VORSON 移动电源 金刚 II

设计：王立真
班级：造型 9812
单位：深圳市零家科技有限公司

设计风格硬朗，如刀削般的线条雕琢出产品的肌理美感，外壳纹理采用蜂巢蚀纹设计，让您的每个细胞都能体验到细腻。产品配合 QC3.0 充电器，仅需 3 小时便可充满移动电源。外壳机身采用航空铝合金材质，使用 CNC 精密雕琢的金属工艺，产品充满设计感，同时让您感受到科技美感的视觉体验。

NOTEBIKE 智能平衡车 天鹅

设计：王立真
班级：造型 9812
单位：深圳市零家科技有限公司

　　设计的灵感来自美丽而高贵的天鹅，造型线条优美，"自然生长"的曲线铝管，让产品充满科技感和现代美感。配合智能 APP，进行蓝牙连接，进行设备智能控制，全方位了解自身行驶数据。脚控、手控两种玩法，随时变换，时尚酷炫。主体金属框架，轻便坚固，配合以越野轮胎减震强，弹性好，适用角度大于 15 度，适应各种路况，骑行体验友好，让您尽享使用平衡车的方便与快捷。

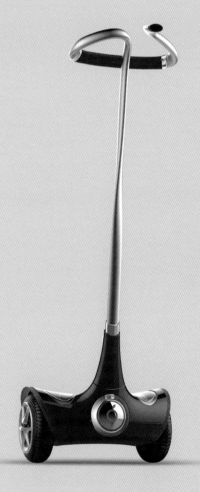

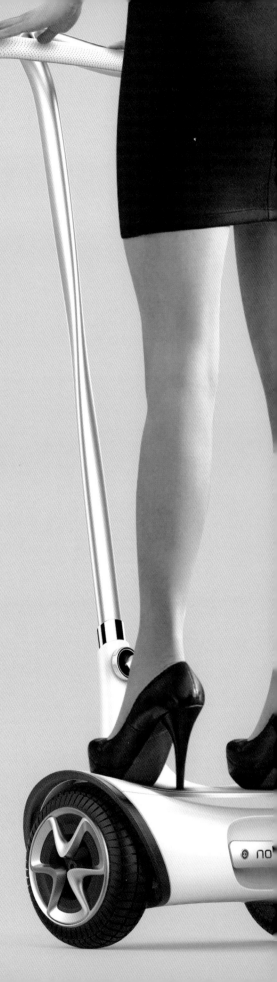

VORSON 移动电源 贝壳 II

设计：王立真
班级：造型 9812
单位：深圳市零家科技有限公司

设计以贝壳为原型,造型简约时尚,宛如沙滩上拾获的一片贝壳。整体小巧迷人,方便携带,充电快速,自带 Type-C 线接口,采用 GPC 原厂聚合物锂电芯,安全不漏电。表面的一条弧线,打破了消费者对电子产品感觉到冷冰冰的固有感受,触感柔和,给人以亲和力,使用体验更友好。

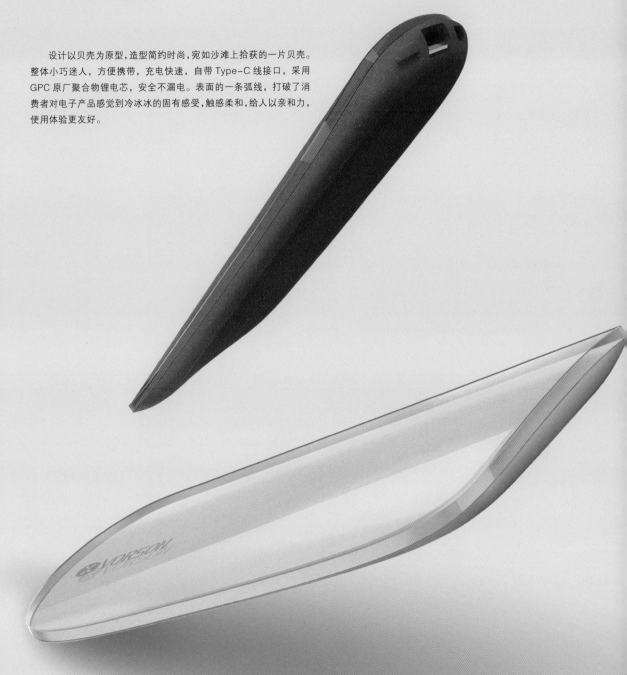

VORSON 移动电源 卵石

设计：王立真
班级：造型 9812
单位：深圳市零家科技有限公司

　　设计采用"鹅卵石"为模型，圆润可爱，造型小巧迷人，方便携带，充电快速，自带Type-C线接口，采用GPC原厂聚合物锂电芯，安全不漏电。握在手心，触感温润，给人以一种亲和力，消除了电子产品给人以冷冰冰的感受，设计也以鹅卵石坚硬的特点，寓意充电宝安全可靠。

VORSON 移动电源 水晶

设计：王立真
班级：造型 9812
单位：深圳市零家科技有限公司

　　设计采用"水晶石"为原型，营造一种如水晶般晶莹剔透的视觉效果。小巧迷人，方便携带，充电快速，自带 Type-C 线接口，采用 GPC 原厂聚合物锂电芯，安全不漏电。产品表面如水晶一般的切割线条，给人以一种坚如磐石般的感觉。

VORSON 厨房电子秤 贝壳

设计：王立真
班级：造型 9812
单位：深圳市零家科技有限公司

　　设计以"贝壳"为原型，U字形的悬空透明托盘，营造一种悬浮的视觉体验。九大计量单位，高精度传感器，拥有 0.01g 和 0.1g 两种精度，精准一步到位，防水秤面，安全可靠。科学配比，控制您的厨房食材用量，为您的健康保驾护航。

电动毛发修剪器

设计：符　丰
班级：造型 9812
单位：东莞美康雅咨询有限公司

　　电动毛发修剪器是一款多功能的个人毛发修剪器，拥有多个配色版本，针对不同的市场人群。强大的不锈钢刀片，全尺寸剃须泊，配备多种刀头，可更换定长梳，让您修剪出不一样的个性造型。自 2004 年上市热销至今，曾获得 2006 年度美国 FHM 的时尚杂志美容类创新奖项。

电动毛发修剪器

设计：符　丰
班级：造型 9812
单位：东莞美康雅咨询有限公司

　　此款电动毛发修剪器设计于 2002 年至今仍在销售。作为一款多功能的个人毛发修剪器，其造型极具个性和独特性，应用仿生学设计。形象而不做作。配备三种不同的刀头，分别可以剃胡须、修剪毛发和修剪鼻毛，另外还配备了定长梳子，让你的造型有更多可能。

电动毛发修剪器

设计：符　丰
班级：造型 9812
单位：东莞美康雅咨询有限公司

　　此款电动毛发修剪器设计于 2001 年，热销十几年，销量非常可观。强大的不锈钢刀片，全尺寸剃须箔，配备多种刀头；人体工学的手持设计，使用时握感更舒适、更得心应手。在十几年间，产品在工艺和刀头上做了不同程度的升级，使产品更加迎合当下的时尚潮流和审美观！为产品赢得更好的销量。

ET.W06 弧碟无线充电器

设计：符　丰
班级：造型 9812
单位：深圳朗烨阳光科技有限公司

　　人类因进化"甩掉尾巴"而成为高等生物，手机因无线而尊贵！ET.W06 无线充电器可兼容安卓和苹果快充，支持 7.5W、10W；锌合金压铸成型，搭配高质感皮革（布料），钻石切割 PMAA 镜面，不同的材质搭配，彰显不一样的风格，让精彩不止一面！于 2017 年上市。

能量块移动电源

设计：符　丰
班级：造型 9812
单位：深圳朗烨阳光科技有限公司

　　最新一代智能管理芯片，高性能进口聚合物电芯，让机身更薄、更小巧，一体成型无缝金属机身设计，高精度钻石切割 PMMA 镜片，两色 LOGO 电量显示灯。外观简洁而不简单，自 2014 年上市以来销售至今，已作为众多汽车品牌和银行机构为高端客户定制的礼品。

ET.ONE 能量碟移动电源

设计：符　丰
班级：造型 9812
单位：深圳朗烨阳光科技有限公司

　　能量碟移动电源以铝合金冲压成型之后，再经过 CNC 加工成型，在圆形的外观下，使外观刚柔相济；高精度钻石切割 PMMA 镜片，呼吸灯 LOGO 设计，让品牌更加凸显；另外，让冰冷的外观添加一丝丝的柔和。小巧的外观，却可以装下 3 节 19650 电芯，最大容量可以做到 10000 毫安以上。自 2013 年上市以来，热销多年！现迎来升级版本。

阿拉丁扩香器

设计：符　丰
班级：造型 9812
单位：深圳朗烨阳光科技有限公司

　　ET.Air2 阿拉丁是一款多用途饰品。它可以是车载扩香器，也可作为时尚挂包配饰，还可以作为家居摆饰！您可以选择喜欢的精油，把精油滴上几滴在榉木上面，让您的爱车香气芬芳，解除您一天的疲惫！复古的马灯造型设计，由锌合金主体加榉木及头层皮构成。

GPS 车载导航仪

设计：符　丰
班级：造型 9812
单位：深圳艾迪创科技有限公司

　　此款导航仪自 2009 年上市以来，热销至今。在设计上采用了上下盖的设计，应用遮喷工艺，使产品的层次更加丰富；在中规中矩的外观下，应用面的变化，使产品显得不呆板；磨砂和拉丝晒纹彰显不一样的质感。整个设计严格把控成本，又不失设计初衷。

UFO 蓝牙音响

设计：王杨波
班级：造型 9812
单位：深圳久鸿产品策划有限公司

　　桌面放置式和背挂墙式两种方式自由选择，不同场景可应用不同的方式放置。360 度的发声原理，让空间听感得到全面打开。底部被动盆设计对低频进行增强，让单喇叭发声系统得到低频补差，音色更饱满。产品外表工艺采用刚硬的不锈钢网与透明的亚克力形成强烈的对比，加上纯粹明了的线条，更显得轻奢品味，打造饰品级体验。

魔音壶户外蓝牙音箱

设计：王杨波
班级：造型 9812
单位：深圳久鸿产品策划有限公司
客户：深圳市魔音电子有限公司

　　魔音壶户外蓝牙音箱的设计是先入为主的，外观酷似水壶状，便携、灵动、重金属钻石纹飞梭旋钮音量键满足了用户的把玩心理。活跃的色彩与电镀质感的衬托更加小清新。内置 40 喇叭带被震动膜，防水级别达到 P5 级生活防水。8 小时的播放时长能满足一整天的户外使用。

吸入式灭蚊灯

设计：吴信坚
班级：造型 9812 班
单位：广州动港力工业设计有限公司
客户：中山市贵华电器有限公司

　　蚊子会传播疾病，是人类最讨厌的害虫之一。对此，人们会使用各种方式去消灭它，于是我们设计了一款吸入式灭蚊灯，它的工作原理是使用紫外线灯光去吸引蚊子，蚊子接近时，风扇会把蚊子吸入漏斗内，经过长时间风干，蚊子就被消灭。

芳华电动家用缝纫机 –506A

设计：温传迅
班级：造型 9901
单位：广州市华缝机电有限公司

　　说到缝纫机，我们很自然会想到我国 20 世纪 50、60 年代的家庭"三大件"——手表、自行车和缝纫机。曾经盛极一时的家用缝纫机早已离我们远去，如今在一些偏僻小巷里，运气好一点的话，或可见到一台老式缝纫机。缝纫机是否真已离我们远去？不！它早已以焕然一新的姿态"王者归来了"。广州市华缝机电有限公司从事开发、生产多功能全新家用缝纫机已经三十多年。设计者十多年来为广州市华缝机电有限公司开发出十几款线上、线下成为销量冠军的产品（注：产品外观，图片版权归广州市华缝机电有限公司所有）。

厨房单功能水龙头

姓名：林斯斯
班级：造型 9901
单位：广州摩恩水暖器材有限公司

　　厨房单功能水龙头优雅系列拥有曲线灵动的流线型线条，完美匹配任何家庭。优雅系列为偏爱传统风格的家庭提供了一款现代的款式。曲线几何和简洁的风格让优雅系列拥有永恒前卫的存在。线条严谨而轻松，优雅系列运用了设计的平衡理念，使这个系列与当今的生活方式完美贴合。

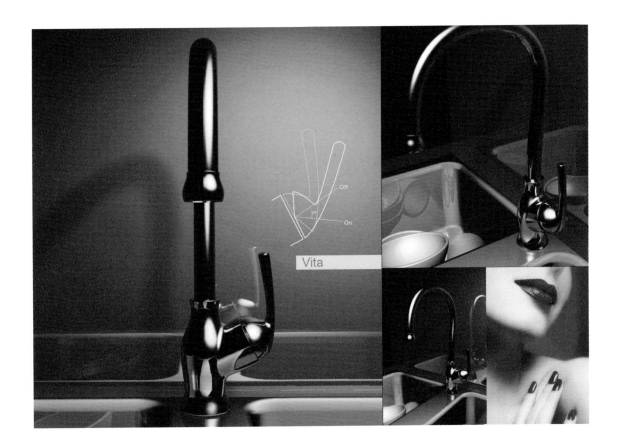

浴室面盆龙头

姓名：林斯斯
班级：造型 9901
单位：美国美标广州办事处
客户：美国美标北美市场

    如雕刻般的线条分明加上流线形曲线，古典的 KALETA 卫浴龙头为每一个空间增加了优雅的气质。双把手配以镀铬拉丝的表面处理，能够抵挡指纹及水痕附着在其表面。

慢生活饼式咖啡机

设计：梁　永
班级：造型 9902
单位：广州易用设计有限公司
客户：广东美的生活电器有限公司
奖项：红星奖　省长杯　红棉奖　长江杯　中国优秀设计奖　入选中国设计大展　入选关山月美术馆收藏　入选国家工业设计职业教材

　　产品以追求"慢生活"意境为主调，以抽象的蜗牛造型作为外观，巧妙地整合各功能，使产品视觉上较简约，操作更易用；产品语言、形态及形象都得到很好的表述，独特的视觉符号，不仅令消费者过目不忘，会心一笑，更可成为现代居家环境的点缀，令生活充满温馨气息。憨厚的形象，增添了生活的乐趣，很好地传递着人文情怀。

超薄明火电磁炉

设计：梁　永
班级：造型 9902
单位：广州易用设计有限公司
客户：广东美的生活电器有限公司
奖项：IF 奖　红星奖

　　电磁炉无明火，一般人难以直观掌握火候，烹饪从明火改为数字显示，使得使用者需要较长时间适应，与几千年以来人类的生活认知及习惯有一定的冲突性。设计的重点在于结合现代技术，挖掘人类文明的火种，寻求设计平衡。通过微晶板内的 LED 光源透光反射到锅底，形成视觉上的火焰，令用户烹饪时得到直观感受，增强了用户的使用体验。

　　全铝框包前后支撑承托，可作搬动时的把手，防止滑手及防止手与玻璃（加热时）的接触而烫伤手。可作挂墙之用，节省了厨房的空间。超薄、简约、时尚新颖的设计。具有干烧自动保护功能，使烹饪更加安全舒适。

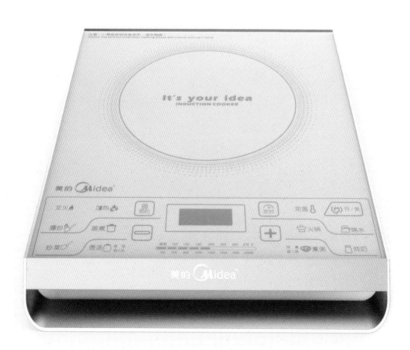

钢铁侠智能加油机

设计：梁　永
班级：造型 9902
单位：广州易用设计有限公司
客户：托肯恒山科技（广州）有限公司
奖项：红棉奖　中国外观专利自主创新设计奖

　　钢铁侠自助加油机，通过模块化、通用化的低碳
设计，使整机实现了高效的成本控制，并具有很强的
拓展性，优化操作界面，在加油步骤、人机尺寸等方
面进行设计，使普通消费者能快速、便捷地完成加油。

　　人机界面操作更加"傻瓜化"；强调功能操作界
面信息集中统一；防误操作功能设计更加明显，强调
安全性，提高自助加油机安全系数；整体采用冷板材质，
满足防爆安全性要求的同时，使产品具有较高的生命
周期和可回收性。

　　产品视觉感受如机器人般——科技、稳健、可变，
通过产品语言能直接传达给消费者；安全、科技、现代、
时尚的心理感受。

双子塔智能加油机

设计：梁　永
班级：造型 9902
单位：广州易用设计有限公司
客户：广东贝林设备能源有限公司
奖项：红星奖　佛山市长杯

　　突破传统的设计，外观新颖时尚、立体感强，革新加油站传统形象。全新触摸屏式操作，智能控制，紧贴社会智能化潮流。支持 IC 卡、银联卡闪付、Apple pay、二维码支付等多种电子支付，提升加油支付体验。全程语音提示播报，实时打印每笔加油记录；同时可以直接按下加油机对讲按钮，呼叫总机进行一对一对讲。加油机局部模块化通用，生产安装便捷。多种智能化操作，缩短人工操作时间。车主可自助加油，减少加油站的人力成本。无现金交易，既减少支付时间，又便于统计交易数据，安全放心。产品一机多枪，降低加油站布局成本。

溢彩流金电磁炉

设计：梁　永
班级：造型 9902
单位：广州易用设计有限公司
客户：广东美的生活电器有限公司
奖项：红棉奖

溢彩流金电磁炉具有：

1. 突破性地运用时装时尚概念。时尚有序的时装条纹，时尚的挎包造型，彰显流行时尚的最前沿，感性十足地满足消费者的感观享受。

2. 创新人性化把手设计。可作为把手，还可以在不用时挂起在墙上挂钩上，节省厨房空间，可防止手与玻璃（带热）的接触而烫伤手。

3. 简约的控制面板设计尽显人性化，使消费者更易于操作。

4. 超薄、简约、时尚新颖的设计。

5. 干烧自动保护功能，使烹饪更加安全舒适。

皮尔卡丹个性电话机

设计：梁　永
班级：造型 9902
单位：广州易用设计有限公司
客户：皮尔卡丹（中国）电子有限公司
奖项：红棉奖

　　产品以柔和的线条为主调，强调视觉的唯美与手感舒适，极具亲和性，有一种腻在被窝里打电话的情景感觉。巧妙地整合各项功能，使产品视觉上极简约，宛若平湖镜面，视界无边，深邃睿智。追求最纯粹的设计语言、塑造别具一格的形态及形象，直击消费者内心最深处。独特的视觉符号，不仅令消费者过目不忘，更塑造了产品的差异化，引领了市场。点缀了现代居家环境，令生活充满温馨气息，很好地传递了人性关怀。

中国南方航空自助值机

设计：梁　永
班级：造型 9902
单位：广州易用设计有限公司
客户：中国南方航空股份有限公司
奖项：红星奖　红棉奖　长江杯　中国优秀工业设计奖　入选中国设计大展　入选关山月美术馆收藏　入选国家工业设计职业教材

　　每次乘坐中国南方航空公司的飞机，不管出差还是旅行，留下印象的总是空姐们亲切的微笑，周到的服务。于是从空姐微笑、鞠躬的优雅姿态中获得灵感，提炼曲线，简化成符号，融入设计之中，仿佛随时随地准备为乘客服务，传达出中国南方航空公司顾客至上的服务宗旨。

　　设计中各功能模块整合统一，使用更便捷；前倾造型增强人机交互，提供了良好的心理暗示；采用红白配色，与空姐服饰相呼应；预留可拓展空间，便于升级。

舞台灯光控制台

设计：梁　永
班级：造型 9902
单位：广州易用设计有限公司
客户：广州彩熠灯光有限公司
奖项：红星奖　省长杯

从流水中获取灵感，寓意产品控制灯光如流水般流畅优美，主体连贯简约、一气呵成，肌理感十足的侧盖，如水流般雕塑而成，让产品充满生命力，富有力量感的一体化底座，又带来强劲的产品视觉感受，主体采用拉伸铝型材与塑胶件组合而成，层次丰富的表面处理，光影交错，随触感变化，搭配时尚的色彩，带给使用者全新的使用心理感受。

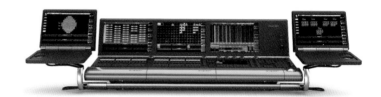

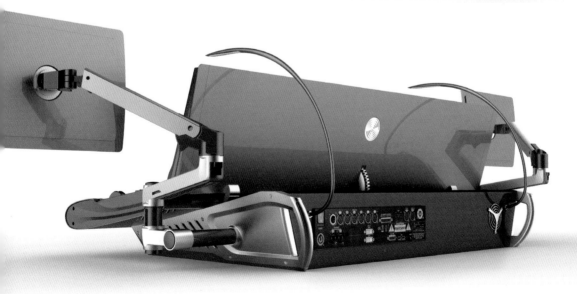

移动空调

设计：张法娟
班级：造型 9902
单位：佛山市形科工业设计有限公司
客户：佛山市顺德区海伦宝电器有限公司

移动空调是把压缩机和送风机整合设计成一体，没有安装的要求，适合各种场所使用。本方案采用流线型设计，动感线条贯穿整体，使产品看起来简洁、饱满。斜面送风，更高效，斜面操作面板，更符合人机操作习惯。

"V" 元素净水机

设计：张法娟
班级：造型 9902
单位：佛山市形科工业设计有限公司
客户：中山市华帝环境电器有限公司

　　设计理念体现高端、年轻、时尚、科技感。符合华帝公司整体 VI 形象，突出 "V" 的元素，适合在橱柜台上和台下使用。四级滤芯 (RO) 过滤，达到直饮水的品质，守护家庭健康！

玫瑰金（华帝）　　　　　　白色（塑料原色）

高端旗舰净饮机

设计：张法娟
班级：造型 9902
单位：佛山市形科工业设计有限公司
客户：沁园集团股份有限公司
专利：CN 302362803 S
奖项：省长杯

　　净饮机设计引入汽车流线型外观造型元素，辅以表面烤漆质感，打造出一款高端净饮机。功能上，采用模块化滤芯设计，更换滤芯更轻松。智能化显示屏，工作状态一目了然。设计提供了自动、手动加水模式，可选手动内排水和自动外排水，使用场所无限制，满足不同场所使用要求。采用无热胆即时加热模式，温度可控，即饮即热，水质更新鲜。具有一键冲洗功能，定时开关机，更安全节能。

更好的外卖用餐体验饭盒

设计：张法娟
班级：造型 9902
单位：佛山市形科工业设计有限公司
客户：广州九毛九餐饮连锁股份有限公司

为了进一步提升客户对九毛九（山西面王）的印象和粘性，以及提升形象来体现出品质感和价值感，设计者对消费者最常接触的外卖饭盒进行创新设计。考虑到食物的食用便捷以及最好体验，设计者从以下方面进行改良设计：

1. 层叠性，便于携带等问题。
2. 可视性，便于用餐者识别。
3. 餐盒分隔，个别需要配餐的产品使用分隔盒更能体现产品的美味并节省成本。
4. 体验感，让用户在使用过程感受到产品的安全卫生。

台式美颜净水器

设计：张法娟
班级：造型 9902
单位：佛山市形科工业设计有限公司
客户：佛山市顺德区韩净实业有限公司
奖项：入选 2017 年中国设计节广东代表团展出作品

　　时尚的外观设计，柔和的线条，优雅、高贵的配色，体积小巧，灵活地适用于卫浴空间。简易安装，即装即用。采用复合活性炭和超滤净化水质，呵护美肌，洗脸美容的最佳选择。

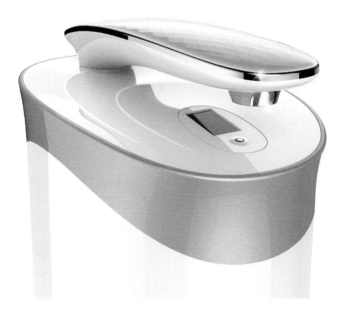

水龙头净水器

设计：张法娟
班级：产品 9902
单位：佛山市形科工业设计有限公司
客户：沁园集团股份有限公司

通过设计创新，打破原来水龙头净水机的固有形象，外形简洁、年轻、时尚、有科技感，醒目的切换把手，人机操作体验好。可调节出水嘴，方便使用，即装即用。

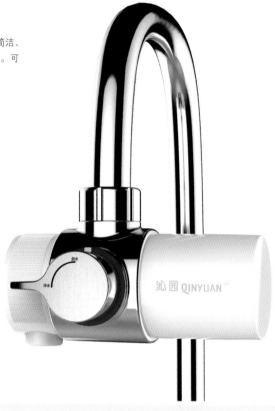

三视图

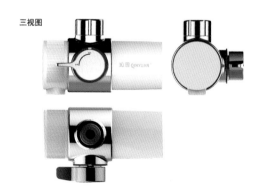

Mama's Heart 婴儿智能床

设计：陈立明
班级：产品 003
单位：广东顺德亨特尔科技有限公司
奖项：红点至尊奖

reddot

Mama's Heart 是专为 0~2 岁的婴儿设计的人性化睡床，它的外形灵感来自妈妈的肚子，使婴儿有一种还在母体内的安全感。

Mama's Heart 具有四个功能：空气调节功能，可以使睡床内部空气流通并净化空气；左右摇摆功能，使婴儿平静；玩乐功能，可以吸引婴儿注意，提高智力；睡眠功能，可以发出稳定频率的声音帮助婴儿进入睡眠。为婴儿营造了一个舒适、干净、安静的环境，能让婴儿尤其是刚出生的宝宝得到悉心的呵护，只有 Mama's Heart 才能做到。

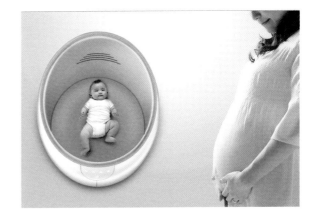

水晶系列套装

设计：罗丹丽
班级：产品 001
单位：香港合成塑胶金属有限公司
客户：HSG Product Vision Limited 创念产品有限公司
奖项：红点奖

　　水晶系列是 effeline 厨房家电中的时尚、高贵系列，包括：台式搅拌机、榨橙机、手动搅拌机、打蛋机、电水壶等。它是现代家电中的时尚，高科技及个性化的代表。

台式搅拌机

设计：罗丹丽
班级：产品 001
单位：香港合成塑胶金属有限公司
客户：HSG Product Vision Limited 创念产品有限公司
奖项：红点奖

水晶系列台式搅拌机，结合轻触式调速和透明厚底座，换速背灯和柔和转速声随着手指的轻轻移动而变化，犹如体验指挥美妙的交响乐。5 挡变速及 smoothie 功能，能更快速制作多种类型果汁；上盖与机身间设计安全锁功能；舒适的手柄及大口搅拌杯设计，使用更方便；吸盘式底座设计，机身更稳定安全。电压：220–240V~50Hz / 功率：700W。

手动搅拌机

设计：罗丹丽
班级：产品 001
单位：香港合成塑胶金属有限公司
客户：HSG Product Vision Limited 创念产品有限公司
奖项：红点奖

　　半透明机身及按键，一键高速，背光变速旋钮，不锈钢一体成型搅拌杆，锋利刀片，电压：220~240V~50Hz，功率：200W。

榨橙机

设计：罗丹丽
班级：产品 001
单位：香港合成塑胶金属有限公司
客户：HSG Product Vision Limited 创念产品有限公司
奖项：红点奖

　　半透明机身，含手柄榨橙头，顶部可拆洗，压力点动开关，防漏设计，底部绕电源线，电压：220~240V~50Hz，功率：80–100W。

LED 奇梦吊灯

设计：梁克妹
班级：产品 011
单位：深圳市安嵘光电有限公司
专利：外观专利（ZL2013.30167315.1）

　　LED 奇梦吊灯，采用一种错位三维导光点制作的全新技术导光板，有效地提高光源亮度和均匀度，完全不使用扩散材料也能解决眩光问题，减少能耗。导光板安装方式的改变解决了材料的局限性。线性导光，使得导光板由平面转向立体。梦幻花朵造型，由18 块不规则光学级导光板和 36 个高亮度 LED 组成，纯手工制作，360° 全方位专业发光。

电子厨房秤

设计：梁克妹
班级：产品 011
单位：深圳市创衡精密电子有限公司
专利：外观专利（ZL201530087469.9）

　　电子厨房秤，以全新的健康生活理念走进人们的生活，为人们的身体健康负责，精确到每一克的营养。产品外观设计由两个秤盘和一个秤体组合而成，可拆洗，秤盘显示折叠设计，大大地减少了运输成本。

电动搅拌机

设计：彭俊伟
班级：产品 011
单位：佛山惠尔家电器制品有限公司

　　造型颜色设计元素源自果汁，缤纷的色彩搭配，让人有一种鲜艳欲滴的感觉。旋转卡扣设计，四叶立体刀头，独特钝刀设计，击破植物细胞壁，让营养元素最大吸收，防滑底座设计，可以稳固地吸住平滑桌面，使榨汁更稳固，让您乐享鲜生活。

电热奶酪锅

设计：彭俊伟
班级：产品 011
单位：佛山惠尔家电器制品有限公司

　　外观主体采用黑色，大气沉稳同时尽显科技感，形体上一体化设计，大气时尚，使其看起来不单是一款餐具，更像是一件艺术品。主体部分采用 304 不锈钢材质，瑞士设计及制造工艺打造，彰显精致。

电动多功能厨师机

设计：彭俊伟
班级：产品 011
单位：佛山惠尔家电器制品有限公司

电动多功能厨师机，外观采用圆润造型，点、线、面元素相互结合，线条简洁美观、现代设计，与市场同类型产品在"气质"上拉开距离，让产品显得饱满、高雅，彰显高贵品质。装饰片造型，让设计富有层次感，与简洁的面板形成鲜明的对比。

17 寸塔式 PTC 暖风机（NT-13L）

设计：冯永运
班级：产品 011
单位：广东美的环境电器制造有限公司

　　塔式 PTC 暖风机造型简约、线条流畅。顶盖的造型设计元素为数字符号："括号"，整体造型体现"点、线、面"的设计美学。发热体采用高效 PTC 陶瓷发热体，即开即热，暖流急速而来，专利铝制叶片风道设计，风量大，高、低双档随心可调。

美的箱式暖风机

设计：冯永运
班级：产品 011
单位：广东美的环境电器制造有限公司

    该产品设计的宗旨是以"用户为中心"，针对电热胶箱机使用过程中不便携带的"痛点"而设计，采用拉杆式设计，任一角落都很方便摆放，拉杆隐藏在产品的背部，整体造型和谐整洁。

360 度暖风机

设计：冯永运
班级：产品 011
单位：广东美的环境电器制造有限公司

　　该产品的造型设计语意来于我国台北市的"101大厦"和"竹子"，通过底部风道把发热体热量吹出来，像雨后的"竹子"般节节高升；产品主要是外销北美市场，因而针对北美市场的目标人群喜好，将把手设计成简约的筋式设计，体现理性、简约的设计风格。

壁挂吸油烟机

设计：麦敏君
班级：产品 011
单位：中山市乐邦生活电器有限公司

　　此款多功能壁挂吸油烟机搭配智能化大显示屏，外观采用简洁的方形与弧线相结合，展现了现代设计感，更是刚与柔，静与动的完美结合，让产品彰显高贵品质。那一弧灯光从正面看，宛如一弯甜美的笑容，给产品增添一份人性化的美感；大显示、智能化结合挡烟板，神秘的氛围灯渲染了整个气氛。

天幕压力锅

设计：麦敏君
班级：产品 011
单位：中山市乐邦生活电器有限公司

　　硬朗的外轮廓设计赋予压力锅安全感，内嵌式的气阀，更显简洁。上盖做分层设计，使气阀包在里面所产生的厚重感转化为层次感，让整体更显简洁时尚大气！

电煎锅

设计：麦敏君
班级：产品 011
单位：广东伊立浦电器股份有限公司

大气的方形设计，简洁的线条组合，贴合西方市场审美，前面不锈钢装饰条与锅体呼应彰显档次，凸显简洁而不简单的气质！

旅行水壶

设计：麦敏君
班级：产品 011
单位：广东伊立浦电器股份有限公司
客户：合肥荣事达三洋电器股份有限公司

　　专为"三洋"品牌设计，针对日本市场的小型旅行水壶，方形的造型使其与市场的现有产品明显区分开，环绕壶身的弧形把手设计能很巧妙地收起来，细节的巧妙设计使得小产品起到大作用！

IH 天幕电饭锅

设计：麦敏君
班级：产品 011
单位：广东伊立浦电器股份有限公司

IH 天幕电饭锅，整个机身设计圆润而饱满，仿佛一粒香喷喷的米饭！

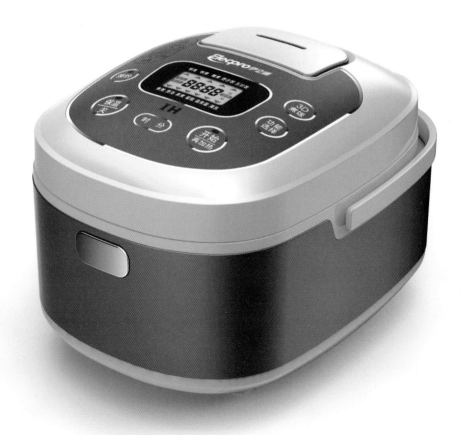

一体站立式结构厨具

设计：苏志勇
班级：产品 011
单位：阳江川页电子商务有限公司
客户：阳江市铭丰实业有限公司

　　市场的厨具设计种类繁多，设计的款式都非常接近，设计一套独具特色的厨具，且具备合理的功能结构去与市场同类产品竞争的想法由此产生。产品功能的合理，使用的方便，存放方式的简易操作是开发该产品前的构想支撑点。产品的独特性结构设计，使产品可以挂在锅边，防止烹饪工具滑落锅内。产品根据工程力学的平衡及生产工艺，一体成型，使烹饪的功能部分始终离开桌面，不受玷污。

多功能榨汁器

设计：苏志勇
班级：产品 011
单位：阳江川页电子商务有限公司
客户：阳江市五峰实业有限公司

　　阳江川页研创的设计永远都是以使用者如何合理地使用产品为设计的理念，此款榨汁器是集榨汁、刨丝为一体的多功能组合设计。刨出的瓜丝或榨出的果汁无须另找器皿存放，方便实用的设计理念，再次为良好的体验增加了亮点。

油漏

设计：苏志勇
班级：产品 011
单位：阳江川页电子商务有限公司
客户：阳江市五峰实业有限公司

  阳江川页研创的设计又一次证明了传统是可以突破的，"Y"形把手与漏斗结合，在使用过程中避免手与油直接接触，更安全、方便。手柄配上一个过滤功能的硅胶套，可以把油里的杂质过滤。

分离式食物夹

设计：苏志勇
班级：产品 011
单位：阳江川页电子商务有限公司
客户：阳江市五峰实业有限公司

　　阳江川页研创的设计永远是充满趣味的，让人痴迷的。一眼看去分别是一个漏铲和密铲，当两者组合起来便是一个完整的食物夹，它可以让人们烹饪的过程更得心应手。齿状的纹路具有夹意粉或面条的功能。

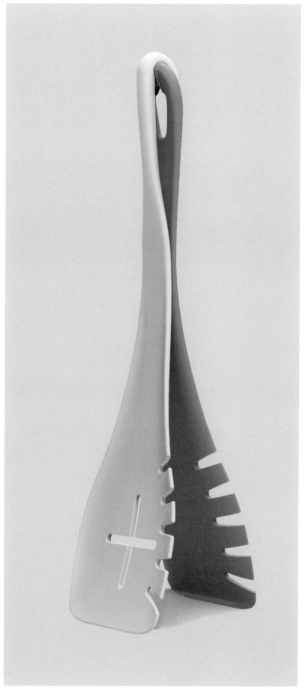

磨蒜器

设计：苏志勇
班级：产品 011
单位：阳江川页电子商务有限公司
客户：阳江市五峰实业有限公司

每当完成蒜泥制作后，手上总残留大蒜的味道，令人不快。具有良好体验感的新款磨蒜器，帮您解决了这个问题，让您轻松制作蒜泥，手上没有异味。体积娇小，不占空间。蒜瓣经过上下齿轮的摩擦，蒜泥通过凹槽直接漏入磨蒜器的器皿中。硅胶防滑套的配合，增加手部的舒适度，加速了磨蒜的速度。便于拨动蒜泥，磨碎蒜瓣，具有防滑功能槽孔容器。

便于拨动蒜泥

便于磨碎蒜子

防滑功能

槽孔

容器

法国赛巴迪东方匠印系列——山间刀具

设计：苏志勇
班级：产品 011
单位：阳江川页研创
客户：法国赛巴迪中国区总代理

　　山间刀具设计定位为法国赛巴迪东方系列的高端产品，集合东方匠心工艺与山川元素的提炼，还原产品与工艺的本真诠释，体现人与大自然契合交融的结晶。追求一种超越奢华的简洁，倡导质朴与优雅的生活格调。

小鸟系列厨房用具

设计：苏志勇
班级：产品 011
单位：阳江川页电子商务有限公司
客户：阳江市铭丰工贸有限公司

　　小鸟系列厨具，以仿生作为设计理念，每一个功能都匹配一只小鸟的形态，呈现不一样的厨房艺术。

风扇蓝牙音响

设计：梁建宏　郑漫丽
班级：产品 011
单位：深圳市道集工业设计有限公司
客户：深圳市好时达电器有限公司
奖项：金点奖

　　本产品既是风扇也是音响，设计灵感源自飞机的造型，使用时，手机蓝牙连接音箱，即可使用手机音乐播放软件轻松实现播放音乐。所谓美不是突兀，而是融入声音里流露出的温度，每一缕转音，都是触动心弦的能力，听原本的真实是生活值得的享受，在享受清爽的同时也可以尽情享受音乐。

灯光蓝牙移动电源音响

设计：梁建宏　郑漫丽
班级：产品 011
单位：深圳市道集工业设计有限公司
客户：广州海葳特电脑科技有限公司
奖项：金点奖

　　本设计采用全铝合金外壳，机身坚固，蓝牙音箱采用 360 度环绕发声设计，音质能有很好的环绕效果；机身形态简练，增加提手和大容量电池设计，便携和能适应更多室内室外的使用场景，特有的氛围灯光，在聚会上辅助照明并能烘托气氛。

M2 蓝牙头戴耳机

设计：梁建宏　郑漫丽
班级：产品 011
单位：深圳市道集工业设计有限公司
客户：广州米粒数码科技有限公司

　　Mrice M2 是非常适合日常使用的头戴式耳机，头梁全包皮革材质，这款耳机的耳壳造型多环形设计，为精准调音的声学系统达到最优效果，加宽的舒适软垫耳罩，不但可自由调节，并能隔离外界噪音，自然贴合，成就更佳的舒适性和声音播放效果。

西伯利亚 S21 头戴游戏耳机

设计：梁建宏　郑漫丽
班级：产品 011
单位：深圳市道集工业设计有限公司
客户：东莞市睿歆电子科技有限公司

　　本作品采用轻盈的"飞翼"设计，再借助材料的轻巧，适合长时间佩戴；舒适厚实的耳套能减少两侧耳朵的压迫感，耳壳大面积物理掏空，在音腔的配合下，做到声音精准的定位，给在紧张的游戏中增强临场感。

高解析耳钉式耳机

设计：梁建宏　郑漫丽
班级：产品 011
单位：深圳市道集工业设计有限公司
客户：奥卡声学科技有限公司
奖项：金点奖

　　本作品浑然一体的金属外壳设计让小尺寸爆发澎湃的音质效果，在流线型轮廓中，通过精心的排布驱动单元，在尽量极限的空间里达到高解析度的音质体验；3 对可更换的、经过精加工的机械可调谐滤波器，可对低频、中频或高频微调，提供个性化声音可调节。配搭内部高纯度无氧铜（OFC）防缠绕线，细节尽善尽美。

地铁自动售票机

设计：方小灵
班级：产品 011
单位：自由设计师
客户：广州地铁集团有限公司

主体银色使得产品充满科技感和现代感，指向整体功能分区清晰，所有插口都如强迫症一般整齐划一。方正硬朗造型给人以踏实感觉，大面积信息屏让使用体验更良好。

小米 8 青春版手机

设计：李　超
班级：产品 021
单位：小米通信技术有限公司

　　李超负责本案的 CMF 设定及工艺制程设计，造型设计者为周宗炯。本案突破性地采用了高达 68% 反射率的镜面渐变玻璃背盖，挑战了行业量产 380 纳米镀膜的工艺极限。为了突出产品的青春化，选择了极具冲击力的颜色搭配。为了在千元机价位实现旗舰工艺，中框金属及玻璃背盖工艺的全制程都经过了重新设计和优化，找到了价格与外观品质的最佳契合点。产品发布后迅速成为手机行业的经典配色案例。

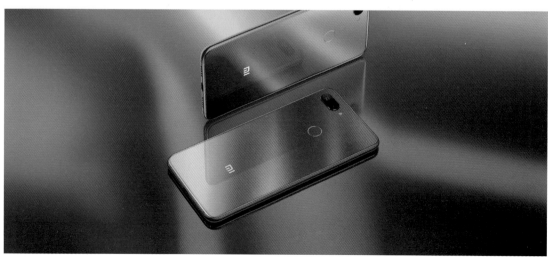

任天堂游戏机收纳包

设计：邓敏玲
班级：产品 021
单位：深圳市星朵科技有限公司

超纤面料，质感柔和，针对"任天堂"品牌的各种组合和功能，设置针对性的结构和收纳方式，使之与功能完美匹配。

暖手宝

设计：邓敏玲
班级：产品 021
单位：深圳市星朵科技有限公司

双面发热，表面规律灵动的凹点造型，可有效地避免使用过程中意外滑落。同时，还可以作为充电宝和手电筒使用。

蟋蟀壶 & 雪纹剪影炉

设计：陈杰佳
班级：产品021
单位：佛山市御汕堂茶具有限公司

　　蟋蟀壶，使用传统蜡铸工艺，壶颈设计有一圈中国传统元素的回形纹，壶身上一只"蟋蟀"跃然欲出。壶体厚重给人以敦实感觉。炉体采用老岩石泥注浆后手工雕刻，纹理与铸铁壶的纹理相互辉映，统一且饱含的细节。

白莲壶 & 虚铃炉

设计：陈杰佳
班级：产品 021
单位：佛山市御汕堂茶具有限公司

"百莲壶"使用日本白陶，以手工一体工艺拉制，壶嘴处有莲花造型，在简洁的壶身上寻求一丝变化。方式处理，手感更强。"虚铃炉"同样使用白陶，以半手工工艺拉制，整体炉身遍布手拉陶的粗糙纹理，别有韵味。

蒙宝欧旗袍手机

设计：赵灿楼
班级：产品 021
单位：深圳直楼设计咨询
客户：THL 通讯科技控股有限公司

　　这是一款以女性为目标人群的时尚手机设计。以旗袍为基本设计语言，大胆的红黑配色，搭配金线的造型细节将独特的东方女性韵味表现得淋漓尽致。

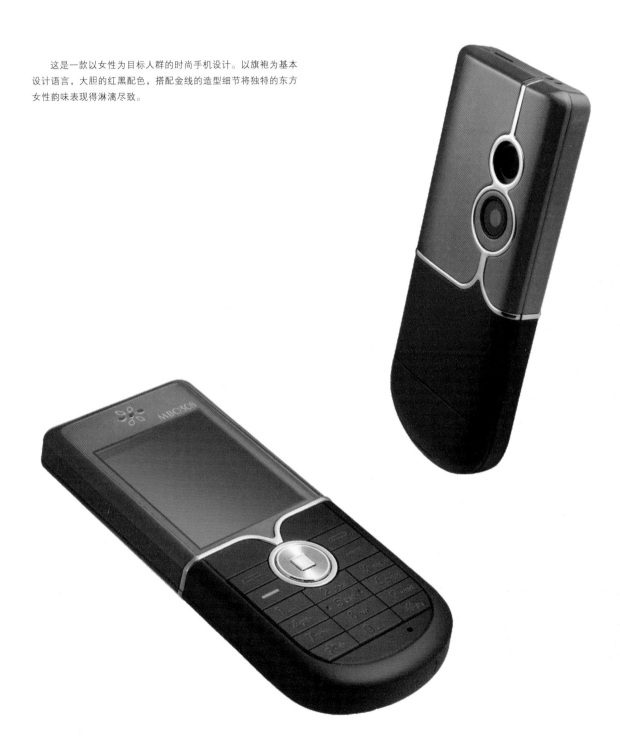

Freeson 智能实木音箱

设计：赵灿楼
班级：产品 021
单位：深圳直楼设计咨询工作室
客户：深圳市捷新创展科技有限公司

在这款便携式音箱设计中采用实木大音腔，保持良好的腔体气流，以达到高品质的音效。厚重的实木配合真皮的提手，带来厚重的质感。可多人同时连接的多线程功能，适合聚会和分享。

智能化妆镜

设计：赵灿楼
班级：产品 021
单位：深圳直楼设计咨询工作室
客户：深圳美玩科技有限公司

　　每个女孩都有秘密——心中的秘密、肌肤的秘密。本智能化妆镜能让你了解自己的"身体秘密"，从而让自己绽放自信、绽放美丽。产品通过钛合金探点可以对皮肤的水分和油性进行实时测试，镜子表面上的一朵绽放的玫瑰，高雅青色和神秘粉色的配色，都恰当地体现了女性的语言。

酷比 K10 手机

设计：吴振华
班级：产品 031
单位：深圳酷比通信股份有限公司

　　K10 设计采用 6.2 英寸全面屏，小身躯、大视野。新一代"刘海全面屏"，机身更小，屏幕更大，单手即可操控自如。主体机身上使用高亮金属中框，简约时尚，双摄及指纹解锁线性排布，视觉上更对称、更稳重。外观颜色上设计有梦境紫、摩卡金两种颜色，汲取梦境中浪漫、静谧的力量，光影流转，亦幻亦真，赋予 K10 神秘迷人的气质，令人一见倾心。

酷比 F2 PLUS 手机

设计：吴振华
班级：产品 031
单位：深圳酷比通信股份有限公司

　　修长型的 19：9 比例"刘海屏"设计。双摄及指纹解锁线性排布，视觉上更对称、稳重。电池后盖采用了炫彩装饰膜＋玻璃后盖的方式，整体效果流光溢彩。

智能面膜仪

设计：周　雄　张日明
班级：产品 031
单位：深圳亿萌科技有限公司

　　设计整体造型圆润、柔和，消除使用者对电子产品冷冰冰的固有感受。面膜仪采用多光谱光波科技，通过不同光谱，让面膜仪具有紧致淡皱、饱满弹嫩、匀亮平滑、改善暗沉、深入抗痘、平衡油脂等功能。外观颜色上配以海洋的蓝色为主体颜色，让人感觉清爽、干净。

五月花雕花吸顶灯

设计：谭静仪
班级：产品 031
单位：广州爱加灯饰照明有限公司
客户：澳饰嘉灯饰旗舰店
奖项：天猫单品销售连续 5 年店铺冠军

　　产品设计运用了"五月花"造型，设计出多个系列，外观上采用亚克力硬质板材，镂空雕花，简约时尚，既可以用在客厅，也可以用在卧室、餐厅等。是为澳饰嘉品牌打造的系列爆款产品，创造了澳饰嘉品牌的新纪元，为其品牌开辟了新的美学标签。

007 专业游戏鼠标

设计：林书荣
班级：产品 032
单位：深圳洛斐客有限公司
客户：贝戈马户官方旗舰店
奖项：红点奖　IF 奖　金点奖　"省长杯"金奖　"SZIDF"最具创意奖

　　鼠标左翼、右翼、尾翼皆有 3 套配件，底板有 2 套配件，可根据不同使用需求、环境需求来更换配件。多达 54 种装配方案满足用户不同使用需求。配件采用磁吸附的方式，拆装快捷方便。精湛工艺，灯效迷人。外观比例流畅、美观、简洁、硬朗，造型时尚酷炫。

RIVER 移动电站

设计：林书荣
班级：产品 032
单位：深圳市东来设计有限公司
客户：深圳市正浩创新科技有限公司

    RIVER 配备了最全面的充电端口阵列（11），最高的交流电输出功率（300W），最高的总电力输出（500W）以及最智能的专有热管理系统，保证了生活安全性和电池安全性。从户外活动、室内休闲、工业用途，到紧急医疗救济，再到国际发展：RVER 正在为世界带来清洁的移动能源。

炫彩 LED 灯带女包

设计：郭文勋
班级：产品 032
单位：广州红谷皮具有限公司
奖项：2016"真皮标志杯"中国国际箱包皮具设计大赛女包组金奖

　　"炫雅"——灵感来源于黑暗中的萤火虫，光芒虽小，却努力在黑暗中绽放。高雅而灵动。盖头添加 LED 灯带的全新元素，让你成为众人眼中的焦点。可发光是这组包最大的亮点，有开关，可自由控制，电池壳可更换。

红谷 2018 年 7 月与施华洛世奇合作款

设计：郭文勋
班级：产品 032
单位：广州红谷皮具有限公司

　　"菲利斯"——经典小方包的延续，平滑细腻的牛皮，将施华洛水晶镶嵌在包上，晶莹剔透的水晶与金属五金进行搭配，结合红色、白色、驼色的拼接设计，质感与色彩都有着丰富的层次，使得整组包包彰显轻奢气息，让人爱不释手。

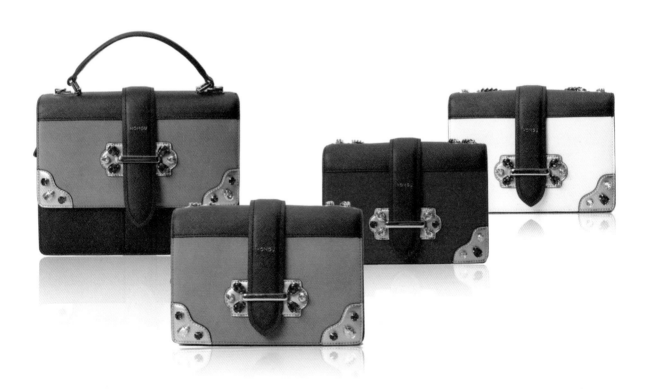

红谷 2018 年 8 月女包新品主推款

设计：郭文勋
班级：产品 032
单位：广州红谷皮具有限公司

　　"娉婷"——经典的托特包，采用了黑、红、橙三种对比色进行拼接搭配，突出强烈的色彩冲击力，立体袋身的结构裁剪手法，体现整组包包层次的丰富感。使整体看起来特别时尚、优雅。

红谷 2018 年 2 月动物纹皮女包新品

设计：郭文勋
班级：产品 032
单位：广州红谷皮具有限公司

　　"沛菡"——精致玲珑的方形盖头包，采用了充满活动的绿色为主色调。结合珍贵的动物纹蛇皮进行点缀，时尚、前卫、野性，带有浓浓的街头感。精美的锁扣设计进行搭配，让你展现时髦、个性之魅力。

家用台式冲牙器

设计：杨辉雄
班级：产品 033
单位：广州森迪产品设计有限公司
客户：东莞市力博得电子科技有限公司
奖项：红星奖

　　设计灵感来源于万物之源——水，水能给予生命，给人一种干净、通透、清新的感觉，冲牙器与水有关联所以水的灵感很符合本意。运用水滴为产品的外观形状，颠覆过去洗牙器的传统造型，不但占用空间小，更是一种家居艺术品。水箱的底部棱边处光源照射营造海洋气氛，更美观、浪漫，更具有设计美感。手柄的设计保持流线简洁的外观又符合人机工程学，可伸缩隐藏式的水管和磁吸固定的手柄，更方便、美观、智能化。水箱运用高难度的超声波技术黏合，既能防水也能颠覆传统的水箱造型。一键开关，一键调节档位，使用更方便。

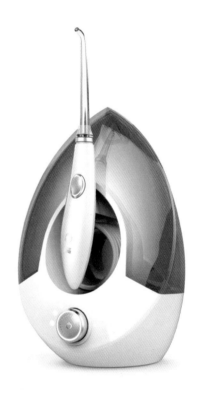

智能抗菌声波牙刷

设计：杨辉雄
班级：产品 033
单位：广州森迪产品设计有限公司
客户：东莞市力博得电子科技有限公司
奖项：红星奖　中国好设计奖　红棉奖

　　该产品设计理念是：精致、高贵、小巧。专门为高端商务人士差旅设计的一款便携声波牙刷。运用最新研发的小电机驱动，一键变速随心控的振幅功能。机身运用透明材质和金属材质的巧妙结合，通透的材质令产品干净、清新，加上金属材质的衬托使产品质感更丰富更高贵专属。旅行盒用最小的体积集存储、充电、牙膏于一体，长期出差旅行更加方便快捷。

SAS 声波牙刷

设计：杨辉雄
班级：产品 033
单位：广州森迪产品设计有限公司
客户：东莞市力博得电子科技有限公司

　　该产品设计理念是：精致、高贵、小巧，是专门为高端商务人士差旅设计的一款便携声波牙刷。运用最新研发的小电机驱动，一键变速随心控的振幅功能。机身运用透明材质和金属材质的巧妙结合，通透的材质令产品干净、清新，加上金属材质的衬托使产品质感更丰富、更高贵。旅行盒用最小的体积集存储、充电、牙膏于一体。长期出差旅行更加方便快捷。

双屏 POS 收银一体机

设计：许创创
班级：产品 033
单位：广东许创创设计股份有限公司
客户：深圳随意触摸电脑有限公司

　　随着科技的进步，未来的电子支付将更广泛地应用于智能收银的领域，该产品的外观设计使用简洁、精致的线条，超薄机身更显科技感。硬件上全屏精准触控，智能轻巧，散热性好，运行速度快，软件上支持多种系统，兼容各行各业软件，包容性强，更加稳定。

菠萝头 /bolotop"佛系"蚊拍

设计：许创创
班级：产品 033
单位：广东许创创设计股份有限公司
客户：广州菠萝头网络科技有限公司
专利：实用新型（201721535827.8）

　　"佛系"蚊拍舍去传统的按钮电蚊的使用方式，"去"开关式设计。通过手指按压开关，利用塑料的弹性变形实现对开关电源启动，开关结构创意升级，同时增加手指接触面积，使用时更加舒适、方便、耐用。采用渗透式指示灯显示光效，网面采用创新嵌入式结构安全升级，给用户人群带来更加人性化的使用体验。

Ts 工程全站仪

设计：许创创
班级：产品 033
单位：广东许创创设计股份有限公司
客户：广州思拓力测绘科技有限公司

　　全站 Ts 红点可以在盲操作中完成测量与储存，一键测距。快速制动扳手，符合人体工学设计的制动扳手，0.5 秒快速制动。在放样测量作业中，有红光引导功能，可以校正移动方向提高了放样测量的作业效率，给用户带来省时方便和多样化的数据操作体验方式。整体外观简洁、大气，配色方案采用孔雀石蓝、银灰色的独特视觉效果。

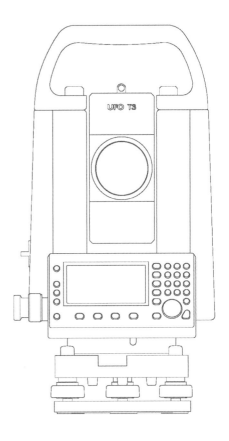

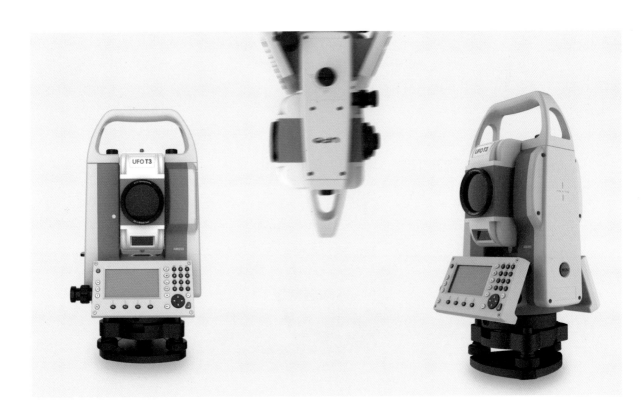

二合一平板电脑

设计：陈来义
班级：产品 033
单位：TCL 通信有限公司
客户：Alcatel 阿尔卡特公司

PLUS12 是一种二合一平板电脑。顾名思义就是平板和键盘部分都可以形成分离式独立使用，同时二合一状态下，又可以当移动电脑工作；两者之间通过 PIN 点连接，可实现键盘给平板续航供电和给平板充电。产品在造型设计上，使用简洁的点、线、面，刚中带柔的处理手法；产品平板后盖大面积的铝合金材质，彰显现代化科技产品的高贵品质；平板与键盘的巧妙整体形态设计，更体现出二合一产品的概念性。另外，平板插进键盘有两个使用角度，通过平板正面和反面的插接方式，可形成 60 度和 120 度两种使用状态。

"天空旅客" 香水扩香器

设计：陈来义
班级：产品 033
单位：深圳摩曼优品科技有限公司
客户：拉夫良品车诺公司

　　"太空旅客"是一种汽车固体香水扩香器，设计来源是飞机引擎元素的衍生，精美的流线型曲面设计，搭上双螺旋桨设计方式，与市场现有同类产品拉开距离，识别性更加突显；安装两颗高密度 PE 香片的箱体设有开关，随时调节进风量，开关随心所欲。只要插到汽车出风口，螺旋桨开始轻柔转动，为行车过程添加趣味；清新自然的芳香将扑面而来，让驾驶人一路"香"随，提高驾驶安全性。

飞利浦 E151Y 移动电话

设计：陈华向
班级：产品 033
单位：深圳市多美达数码科技有限公司
客户：深圳桑菲消费通信有限公司

　　专为爸、妈们设计的易用手机，让老年人看得清楚、明了。后壳采用防滑纹理，机身圆润贴合手掌，老人持握不易脱落，一体成型，坚固耐用。高调耀眼的炫舞红，当然是送给爱漂亮的老妈。

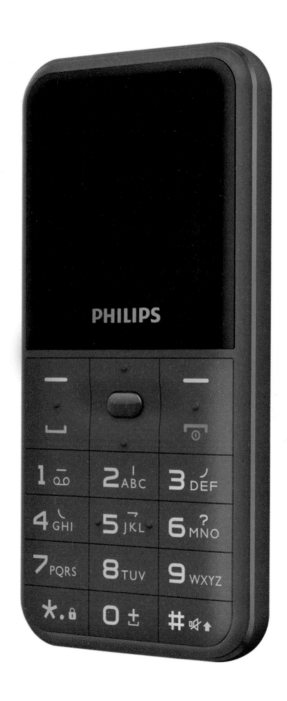

爱牵挂 K1

设计：陈华向
班级：产品 033
单位：深圳市多美达数码科技有限公司
客户：广州柏颐信息科技有限公司

　　人们日常生活中，各类寻人、寻物启事已司空见惯。对此，K1 GPS 定位跟踪器设计理念是将其绑定在重要物品上，当发生问题时，即刻能查寻定位，随时追踪您的贵重物品。体积小、便于携带、隐藏。IP6 防水设计，日常使用更贴心，不用担心灰尘和雨水的侵袭。

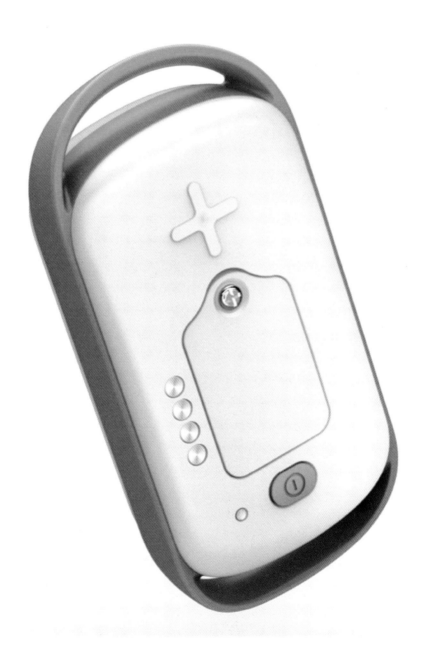

飞利浦 E116 移动电话

设计：陈华向
班级：产品 033
单位：深圳市多美达数码科技有限公司
客户：深圳桑菲消费通讯有限公司

　　沉稳的"陨石黑"配合着坚挺的线条，精于心、简于形，让整个造型彰显商务风格。机身背部采用格栅纹路设计，可防滑、防汗。

飞利浦 E103 移动电话

设计：陈华向
班级：产品 033
单位：深圳市多美达数码科技有限公司
客户：深圳桑菲消费通信有限公司

　　设计轻盈，方便携带，不会给日常生活带来负担。表面采用"火花纹"工艺打造精致的效果，省去喷漆的工艺，降低成本同时更加无毒环保。

飞利浦 E255 移动电话

设计：陈华向
班级：产品 033
单位：深圳市多美达数码科技有限公司
客户：深圳桑菲消费通信有限公司

简约的设计贴合长辈气质，宝石蓝，曜石黑自成一体，轻巧的外形方便携带，让父母感觉更时尚、更年轻、更有活力、更加自信。

飞利浦 S3Pro 智能手表

设计：陈华向
班级：产品 033
单位：深圳市多美达数码科技有限公司
客户：广州柏颐信息科技有限公司

　　随着年龄增长，老人视力退化严重、手脚运动能力差，在这样的状况下，菲利普 S3Pro 智能手表电话是针对老年人而设计的一款手机。设计有大字体，方便老人阅读信息和操作；简洁的物理按键操作更便捷；强而有力的语音播报更适合老年人。配上硅胶表带，佩带手感轻盈舒适。

帅人消毒柜系列

设计：朱伟强
班级：产品 033
单位：深圳铂意科技创意有限公司
客户：佛山红豆叮电商有限公司

几何图形的配搭，使得传统消毒柜赋予时尚的元素，观察窗使得红外线透出像跳动的音符。10 万 + 的销量已经是本产品设计的最好证明。

欧派家居套装

设计：朱伟强
班级：产品 033
单位：深圳铂意科技创意有限公司
客户：佛山科顺电器有限公司

　　手持搅拌机，这个灵感的来源于老式电话的拨动盘，流畅的曲线配合有趣味性的拨盘，使得这款产品有不错的销量。

欧派家居套装

设计：朱伟强
班级：产品 033
单位：深圳铂意科技创意有限公司
客户：佛山科顺电器有限公司

　　欧派家居套装，造型的灵感来源于大象。在中国传统文化里"象"与"祥"字谐音，故大象被赋予了更多的吉祥寓意。减少餐具触碰，台面更干净卫生。

好女人吸奶器

设计：朱伟强
班级：产品 033
单位：深圳铂意科技创意有限公司

　　好女人吸奶器，这个设计的灵感来源于摇篮，流畅动感的曲线配合饱满的造型，使得整个产品更容易让人亲近。

高端商务智能手机

设计：高林彬
班级：产品 033
单位：深圳市亮典工业设计有限公司
客户：深圳市金飞达通讯科技有限公司

　　这款智能手机主要通过不锈钢拉丝、铝片拉丝与金属电镀的质感语言来传达高端与商务感。采取黑色拉丝铝片贴在屏的四周，很巧妙地把小屏幕变成了大屏幕手机格。

女士音乐翻盖手机

设计：高林彬
班级：产品 033
单位：深圳市亮典工业设计有限公司
客户：香港中信伟业通讯科技有限公司

　　通过红色水晶透明亚克力材质运用，把女士如水、如歌的特征与喜好很好地阐述出来，再搭配简约的大面积电镀搭配，让翻盖手机在时尚中还透露出一股高贵的气质。

燃气辅助热泵

设计：李淑贞
班级：产品 043
单位：顺德朗玛工业设计有限公司
客户：广东万和新电气股份有限公司
奖项：广东省第五届"省长杯"工业设计大赛省长杯

　　燃辅热泵热水器，将主机、水箱一体化设计，控制面板操作界面清晰明了。全球首创燃气辅助加热功能，可实现自动切换，有效应对超低温气候和用水量大家庭，更节省能源，适应更广的地域；采用更为先进的热力膨胀阀，可自动调节高温环境下压缩机温度的压力，确保压缩机不会因为过热而损坏，延长产品的使用寿命；瞬间加热、持续供热能力强，能满足热水、供暖两种生活需求。

多士炉

设计：李淑贞
班级：产品043
单位：顺德六维空间设计顾问有限公司
客户：宁波市宏一控股集团有限公司

　　多士炉整体造型简约，配以局部时尚装修元素条。明亮蓝色装饰件，增强了产品的使用标识指示功能，控制面板以大面积不锈钢覆盖，使清洁更简单。正面以电子式按键配搭旋钮的操作方式，使工作状态更清晰。侧面隐藏式烘烤按键，使产品更整体简洁。

女士内衣消毒机

设计：李淑贞
班级：产品 043
单位：顺德六维空间设计顾问有限公司
奖项："省长杯"二等奖

　　优雅的造型，再配以艳丽的色调，亮光珍珠质感，符合女性审美需求，实现女性对精致生活的追求。内衣是女士们最贴心的"密友"，更与健康密切相关。这款内衣消毒机针对女性市场需求，时尚、圆润、一体化内嵌式顶盖，配合触动式开关设计，使用更安全。简洁的控制界面，易懂易用。底部产生 40℃ 的蒸汽可以带走衣物上的残留物质，配合氧化性极强的臭氧轻松杀菌消毒。利用光波原理的烘干机，智能温控 40℃ 的暖风，对内衣裤进行烘干。人性化的倒计时断电功能使产品体验更友好。

小兔子夜灯

设计：陈　亮　梁思冰
班级：产品 043
单位：深圳市叁活科技有限公司

　　在这个世界上，总有一些古老的神话、传说流传至今，它充满着人们有关美好的一些幻想，我们希望通过设计将这些美好的神话、传说完美地融入生活。

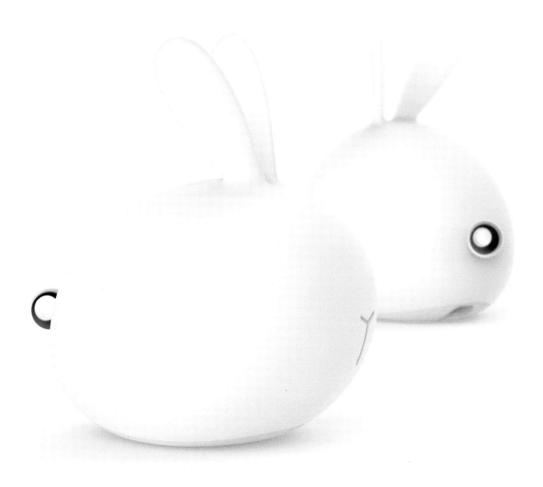

大象无线充

设计：陈 亮 梁思冰
班级：产品 043
单位：深圳市叁活科技有限公司

设计灵感来自于"大象"，将大象的形体提炼出来作为设计元素，设计上采用 135 度角，让您在使用手机的同时不影响充电，舒适的角度满足你浏览或者看电影等操作。可智能识别并广泛兼容苹果、三星、华为、小米等带有无线充电功能的手机。整体上造型优雅，取自于自然设计元素，诠释了新一代的设计美学。

安全锤车载充电器

设计：彭庆英
班级：产品 042
单位：深圳优缔科技有限公司

　　这款车载充电器造型简约，采用锌合金配搭头层牛皮，最大的特点是可以用来做逃生安全锤，充电器的底部是锌合金材质，坚硬耐用。

真皮充电头

设计：彭庆英
班级：产品 042
单位：深圳优缔科技有限公司

简约的正方造型，线条简洁美观，使产品更加高档，有品质。

真皮移动电源

设计：彭庆英
班级：产品 042
单位：深圳优缔科技有限公司

采用头层牛皮作为此款移动电源的外边材质，触感柔和，外观时尚。

仿生蚂蚁竹节烟斗

设计：谢尚两
班级：造型 042
单位：深圳市福鹿壽工艺品有限公司
客户：私人定制
品牌：FULUSHOU

　　竹节蚂蚁烟斗，造型元素提取于蚂蚁的头部形状为斗锅部分的基础形，人们在抽烟斗时，总是喜欢握在手中盘玩，这便能给使用者增加了不一样的抽烟体验，使用竹节作为斗嘴与斗锅之间的连接，设计能让整支烟斗更加轻盈，含在嘴上工作会更加轻松。竹节内壁纤维能吸附掉更多的烟油，减少烟草中的焦油对抽烟者的伤害。特别是利用石楠木表皮与竹节巧妙的连接，形成一种浑然天成的视觉效果。

海豚拍拍灯

设计：刘志军　李享福
班级：产品 051
单位：深圳市几素科技有限公司

　　海豚拍拍灯，具有趣味的使用方式：轻轻拍打海豚灯表面，即可切换不同色彩的灯光，能够照明和营造灯光氛围。设计灵感来源于海豚，生活在海上的海豚拥有漂亮的曲线，提取加以设计后，呈现所见的海豚灯。硅胶的材质触摸非常舒适、和谐。

坚果音箱

设计：刘志军　李享福
班级：产品051
单位：深圳市几素科技有限公司

　　设计以"坚果"为元素，松果的造型搭配逼真的木纹效果，使得其酷似一颗挂在树枝上的松果，可以作为挂件随身携带的蓝牙音响。整体小巧便携，同时来自丹麦的专业喇叭部件，出声清晰动听，拥有超强平衡感，低音饱满高音响亮，内置麦克风，还可以智能接听电话。

DO MOBILLE MATE2 智能手机

设计：钟醒苏
班级：产品 053
单位：深圳市联代科技有限公司

　　DO MOBILE MATE2 智能手机，是深圳市联代科技有限公司为在印度开拓智能手机市场而打造的一款旗舰级产品。在对印度的 4G 通信市场做了完整的市场调查后，进行了产品定位。采用四核处理器，屏幕采用 18:9 的超窄边框设计，达到 87% 的屏占比。电池达到 3000 毫安，UI 外观，从内到外全部重新设计。摄像头方面，前摄 500 万像素带闪光灯，后摄采用索尼 1300 万 +30 万像素双摄像头设计，带闪光灯辅佐拍照。造型材质上，前面采用 2.5D 弧面玻璃，背面采用激光镭雕纹理模具和塑料注塑喷涂金属漆工艺，CD 纹质感提升了产品外观视觉冲击。

优美通用充电插头

设计：钟醒苏
班级：产品 053
单位：深圳市优美科技有限公司

　　优美通用插头，是深圳优美科技有限公司为欧美国家打造品牌产品时，设计的一款通用于全部产品充电的充电插头。设计师在设计时，灵感来源于著名的保时捷汽车。保时捷汽车流畅的外观曲面，前额利索的凹凸面转折，黑白颜色搭配，高档的高光外观面漆，都被设计师应用在产品的设计上。标准的欧规插脚，标贴巧妙地把螺旋孔遮住的细节设计。造型、配色都为品牌增添了优美的设计。

Inspiration from the car

创维数字机顶盒

设计：钟醒苏
班级：产品053
单位：深圳市优美科技有限公司

　　创维数字机顶盒是钟醒苏在创维数字任职时设计的一款产品，灵感来源于书本，造型像一本微开的书，可平放、可竖放。顶端保留一个物理开关按键，正面LOGO四周散热孔排放整齐，为了防止排列的呆板，采用虚实孔的做法，左侧面指示灯效果，右侧面较宽刚好巧妙地安装上各种插头位置。配色上，采用黑配银设计，喷油高光质感，整体提升质感。

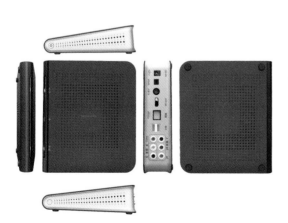

Apple Watch 充电座收纳包

设计：邹英驰
班级：产品 052
单位：深圳市森美设计策划有限公司
客户：深圳市森美浩卓智能科技有限公司

　　这是为苹果手表充电器设计的一款收纳包。整个产品采用环保硅胶材料一次压制，手感舒适、方便携带，利用硅胶材料的形变性能完美包裹线材，达到收纳整理的目的。

琦沃智能手表 KW-68

设计：邹英驰
班级：产品 052
单位：深圳市森美设计策划有限公司
客户：深圳市琦沃智能科技有限公司

　　这是一款时尚运动型的智能手表，外观上融合了跑车的设计元素。表盘不锈钢采用粉末冶金工艺制作，表面离子镀着色；机身部分铝合金 CNC 加工，阳极氧化表面处理。功能上内置 GPS、3G 独立通话、心率监测、实时运动监测、200W 像素摄像等、IP68 级别防护设计。

IP68
Waterproof

Quad core

Heart rate

2.0MP Camera

Wifi

3G

GPS

Android 7.0 OS

萌宠车载香薰

设计：冯少海　麦康泉
班级：产品054
单位：深圳市源广浩电子有限公司

　　萌宠车载香薰外形是采用猫咪、小兔、小鹿等动物的外形来设计的一款车载香薰，外形别致小巧、色彩丰富是这个产品的一大亮点；为了多样性，还有一款黑色简洁圆的造型，和前面三个组成我们的"萌宠家族"！其构造就是前主体，后后壳和夹子，中间夹香薰片，操作十分简便；在香薰片上也增加了几种选择，给您一个愉快而舒适的开车旅程！

USB 双口充电器

设计：冯少海　麦康泉
班级：产品 054
单位：深圳市源广浩电子有限公司

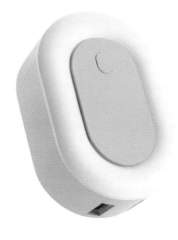

　　这是一款拥有双 USB 插孔附带小夜灯的充电器，可以同时给 iPad、三星、苹果、华为、HTC 等智能设备充电。最大电流 2.1A，同时智能识别所需的输出电流。高强度耐高温防火材料，具有过载、过压、过流、漏电及短路保护功能；具有 LED 小夜灯功能，在夜晚充电的时候，别具一格。两个充电孔，也可以满足不同的充电需求。实现功能化、简洁化、高颜值的结合，方便您的日常生活！

甲醛监测仪

设计：冯少海　麦康泉
班级：产品 054
单位：深圳市源广浩电子有限公司

　　这是一款拥有强大功能的甲醛监测仪，可以实时监测空气中的甲醛粉尘，实时了解空气中的甲醛污染情况。它拥有甲醛监测、湿度监测、温度监测、超标报警、电化学传感器、时间显示等功能。现代感的外形，拥有全工业级质量标准，人体工程学手柄，让您体验前所未有的舒适握感；工业级传感器，对空气质量专业精准检测，数据与国际权威同步。适用于家庭、学校、医院等室内场所！

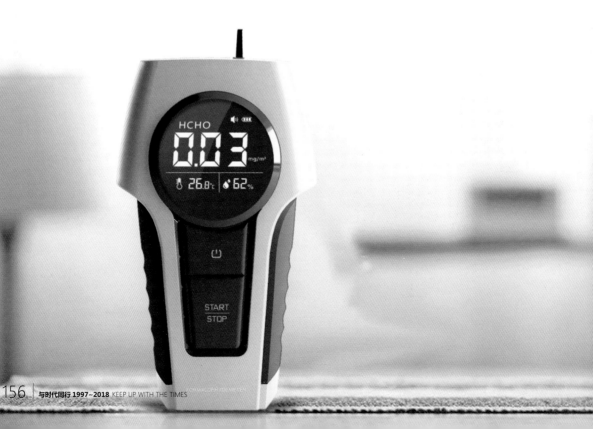

糖果触摸倒计时

设计：冯少海　麦康泉
班级：产品 054
单位：深圳市源广浩电子有限公司

　　这款触摸倒计时，光看色彩就知道是一款有颜值有实力的产品。超大触摸液晶屏，体验手机化倒计时按键方式，拥有正反倒计时功能、定时记忆反复功能。背部拥有两块超强磁铁，可以吸附固定于冰箱或金属表面，使用方便；清晰的提示音，让您摆脱传统计时器的杂音和音量小的困扰。三款颜色，满足您对于色彩的不同喜好。

Apple Watch 充电支架

设计：冯少海　麦康泉
班级：产品 054
单位：深圳市源广浩电子有限公司

　　这款 Apple Watch 充电支架，既可以支持 AppleWatch 原装充电头充电，又可以同时作为手机支架用，一款产品，多个功能。看视频时可以解放您的双手。充电口采用硅胶材质，能很好地保护到原装充电器的表面。流畅的曲线外观，白色和银色的搭配，素雅的色彩和精致做工，边缘线条柔美，视觉上更舒适，从内而外，都在散发着"优雅"气息。

卧石天气时钟

设计：冯少海
班级：产品 054
单位：深圳市源广浩电子有限公司

  卧石天气时钟的外形，神似一块躺着的石头，故有"吸天地灵气，回归自然之意"，简洁外观，很好地在现代家居中起到装饰作用，与市场同类型产品在气质上明显拉开距离；利用红外技术，实现了在室外机监测到的数据实时地显示在室内机上，从而达到同时能够监测到室内外的温湿度情况；利用芯片以及算法，能很精准地预测到未来 3 小时的天气情况。

橄榄蓝牙音箱

设计：冯少海
班级：产品 054
单位：深圳市源广浩电子有限公司

　　橄榄蓝牙音箱，顾名思义外形上沿用橄榄的外形延展性，在背面加上流畅的线条，简洁明了，给人带来自然的视觉美感；内置双喇叭，通过独特的曲面声腔设计，将声音高保真放大，实现一个音乐的环绕立体音响，我们参考高端 HIFI 音响妥善处理了每个声音细节；蓝牙连接、音频连接、免提通话、插卡播放，多功能化，满足您的多种需求。

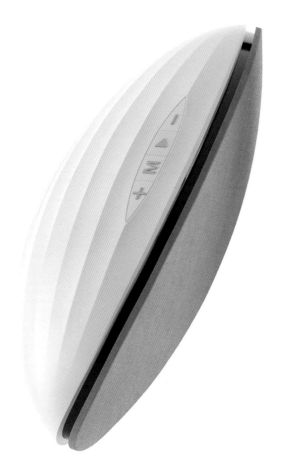 

小白拍拍灯

设计：冯少海
班级：产品 054
单位：深圳市源广浩电子有限公司

　　小白拍拍小夜灯外形采用蘑菇的形态，流畅线条，采用进口 LED 灯，七种色彩转换，护眼无频闪、节能、环保、使用寿命长；灯罩采用了安全、无毒、无害的硅胶材料，触感舒适；八种灯光效果，拍一拍切换灯光色彩，小白拍拍小夜灯像您的好朋友一样陪你度过每一个黑夜。

船承味来月饼礼盒

设计：罗晓冰
班级：产品 053
单位：广州味来食品科技有限公司

　　将中国传统食品时尚化，使用桃山皮代替传统月饼皮料，内馅创意搭配，使用工业产品设计方法 3D 立体设计饼形，并且使用底部塑封加气体工艺，使整个产品能在 40 摄氏度的常温下保存 60 天，并且运输保持"饼"不变形。使用环保纸浆内托，外包装使用仿刺绣的画法，使人在不触摸的情况下能感受到以假乱真的刺绣效果。

电发机

设计：罗晓冰
班级：产品 053
单位：广州味来食品科技有限公司
客户：新加坡大华集团

设计突破以下五点。

1.每条电发线独立控制温度，可以满足发根、发中、发梢同时用不一样温度电发，大大地减低了发型师需要经常记忆每个区域分控的时间和温度比例的工作量。

2.倾斜角度的设计符合头部的人体工程学，让电发的客户减少头部重量对脖子的压力。

3.大电流电发设备中第一次使用触屏按键功能，让整个产品设计更具科技感。

4.把主机和控制板分为上下两部分，中间通过金属柱连接，让电发机突破传统柜式外观，整体更加轻便时尚。

5.主机底部使用后置两轮设计，使机器工作的时候不容易移动位置，但是在需要移动推走的时候又方便操作。

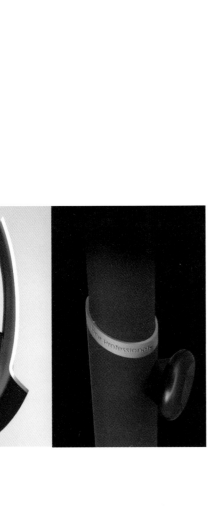

电吹风（风筒）

设计：罗晓冰
班级：产品 053
单位：广州味来食品科技有限公司
客户：广州市菲力克斯电器有限公司
专利号：ZL201430032547,0

　　使用汽车的轮毂造型来设计后壳，在日常使用清洁的时候非常方便拧取，跑车的流线造型运用在风筒上面，使风道更加顺畅从而加大风力，按钮后置方便发型师操作。

智能轨道灯

设计：陈坚民
班级：产品 061
单位：广州市点燃工业产品设计有限公司
客户：东莞市兆合智能照明有限公司

　　传统轨道灯多应用于较高位置，调整照射角度和对焦会带来诸多不便。智能轨道灯实现三轴多轨远程自动化调节。黑色主色调搭配红色导光圈彰显产品高品质，简约精致。

飞速闪电 VR 跑车

设计：陈坚民
班级：产品 061
单位：广州市点燃工业产品设计有限公司
客户：北京乐客灵境科技有限公司

　　飞速闪电 VR 跑车全面提升了对竞速游戏的体验度。整车黑蓝配色。明确划分座舱与整车外壳两大色块，寓意座内将爆发出更多能量。

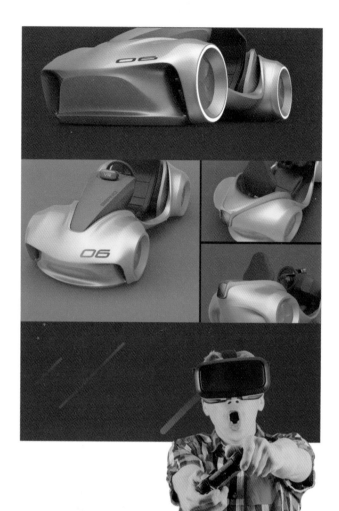

无人值守兑币系统——空军家族

设计：陈坚民
班级：产品061
单位：广州市点燃工业产品设计有限公司
客户：广州市盈加动漫科技有限公司

　　无人值守兑币系统应用于游戏场地兑币，设计需求是多机型实现无人值守各种兑换功能。"空军家族"设计理念：体现产品形象体系，各机器间有空军"血统"的元素应用，在统一中求对比，在对比中求统一的辩证思想。

　　产品突显灯光效果，采用了黑色主色调，一体化屏幕，插卡槽等硬件。通过灯光应用呈现出"战斗机""预警机""轰炸机"等各机型形象，使产品符号化，赋予产品生命力。

在线 PCBA 插件光学检测系统

设计：陈坚民
班级：产品 061
单位：广州市点燃工业产品设计有限公司
客户：广州视源电子科技股份有限公司

　　在线 PCBA 插件光学检测系统适应不同生产线，实现可调式，适配高、低、宽、窄生产线的检测系统，合理硬件布局迎合了操作员使用习惯，原创结构设计。配色以白色配深蓝色，弱化设备仪器，外观配合简洁功能设计需要点到即止。

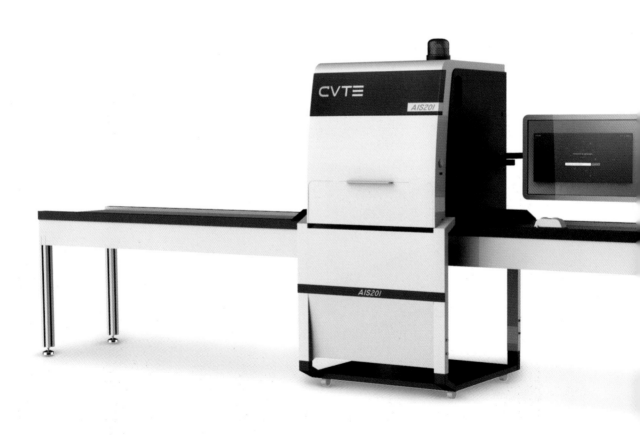

音响

设计：陈坚民
班级：产品 061
单位：广州市点燃工业产品设计有限公司
客户：东莞市奇声电子实业有限公司

　　设计上以椭圆为设计元素，立体简洁，大方大气。在工艺与视觉美学中找平衡，外观设计符合功能要求，箱体结构紧密，浑然一体的网罩设计，抗挤、抗压能力强，音乐解析高，声场表现宏大，低音逼真具有凝聚力，能力密度较大，强力震动音质，给予您影院级影音体验。

品胜充电器充电宝二合一

设计：徐永湛
班级：产品 063
单位：广东品胜电子股份有限公司
专利：实用新型（CN201720608289.4）

　　既是移动电源，又是充电头。当您需要为数码产品充电的时候，品胜二合一充电宝提供5000mAh容量，便携随充，满足您的需求。当您需要在插座上充电时，二合一充电宝化身多口充电插头，变身效率达人。当您在国外工作旅游的时候，您有两个规格插头（欧规、英规）转换搭配，贴心适配，轻松充电。

品胜薄彩 1S 10000 毫安移动电源

设计：徐永湛
班级：产品 063
单位：广东品胜电子股份有限公司

采用半圆弧的轮廓设计，顺滑流畅，精巧贴合手掌。采用喷砂氧化铝，硬度高，防滑防刮花。智能识别 Smart 接口，1A 平稳输出和 2A 快速充电自由切换，使用更便利。

拥有 Lighting 接口与 Micro-USB 接口，一次满足 iPad、iPhone、各种安卓手机的充电需求。

蓝牙耳机耳塞式立体声耳机

设计：徐永湛
班级：产品 063
单位：广东品胜电子股份有限公司
专利：外观设计（CN201630465496.X）

  10 小时连续通话，120 小时待机。同时连接两台设备，听歌通话随时切换。

  高保真音质，原音尽享，DSP 智能降噪，高清通话。表面钢琴烤漆机身，光滑有质感。

多功能旅行箱

设计：袁世喜
班级：产品 062
单位：广州格莱工业设计有限公司
客户：广州慧派日用品有限公司
专利：外观专利（CN302785013S）
　　　实用新型（CN203524050U）
奖项：红棉奖

慧派多功能旅行箱，它的设计理念不仅是一个旅行箱，还是一套便携式家具系统，可以说是"旅行箱中的变形金刚"！旅行箱兼具"桌、椅、柜"的综合功能，可组合使用，分拆独立使用，在汽车旅途、户外休闲、外出差旅、室内读书、商务便携办公等各空间场景中充分发挥其功用，让使用者"跨界生活、随行所欲"，并在 2015 年 10 月京东众筹突破 50 万元。

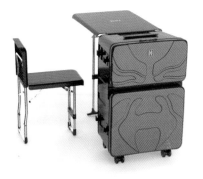

车载无线充机

设计：袁世喜
班级：产品 062
单位：深圳博雅产品设计有限公司
客户：深圳市恒必达电子科技有限公司

车载重力支架无线充，解决了开车行驶中拔插手机数据线为手机充电的麻烦。单手操作，安全便携，一放即充。外观设计上采用流线型设计，"T"字造型让产品增加识别性，面壳边框运用铝合金材料，让产品显得更轻，同时增加了产品材质上的层次对比。

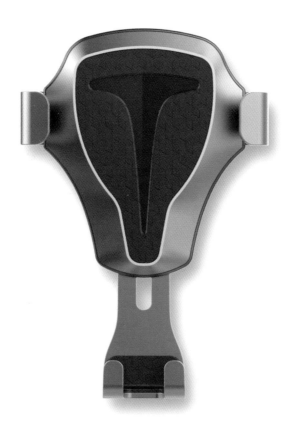

AR 一体机

设计：袁世喜
班级：产品 062
单位：深圳博雅产品设计有限公司
客户：深圳市光场视觉有限公司

　　AR 一体机，外观设计上采用流线型设计，结合头戴方式，旋钮调节后脑固定的松紧舒适度，前额的支撑受力设计，考虑了人体工程与便携操作。

PDA 手持终端

设计：袁世喜
班级：产品 062
单位：广州格莱工业设计有限公司
客户：广州捷宝电子科技股份有限公司

　　针对捷宝首款四核安卓智能手持终端设计，在外观上采用有力度的造型和现代流线元素的结合，软胶包边的设计增强了产品识别度和层次感，以及色彩搭配上形成鲜明对比。该产品可广泛应用于快递物流，仓库盘点，进销存管理、水抄表、服装订货、移动销售、产品追溯、批发管理、生产管理等各种行业。

智能购物车（二合一）

设计：陈荣利
班级：产品 062
单位：深圳市桑格尔科技股份有限公司
客户：艾珉（新加坡）科技有限公司

　　智能购车 / 篮（二合一）集购物、导购、扫码、支付为一体的商用终端。工作原理是通过智能购物车与手机配对进入超市 APP，APP 导购快速找到目标商品，用车体的扫码头把商品加入 APP 购物车结账 – 消磁 – 离开。车体设计简约小巧，方便收纳，避免人工支付时的拥堵，节省人工成本。

组合式移动电源 - 杰克

设计：麦奋宜
班级：产品 063
单位：深圳市亿觅科技有限公司
专利：外观专利（ZL 2015 3 0197533.9）
奖项：金点奖

GOLDEN PIN DESIGN AWARD

　　大部分用户都会经常遇到移动电源忘记充电的状况，主要原因是因为充电过程过于烦琐，需要找电源适配器和充电线，杰克移动电源正是为解决这种问题而设计。人群定位：拥有 iPhone 适配器的 iPhone 用户。便利性说明：电池与充电适配器模块化组合结构形式，可根据实际情况随时且便利地为杰克移动电源充电（单节电源时，用 USB 口插入电脑充电，组合时，可插入排插充电）。趣味性说明：通过赠送的配件组合搭配可瞬间变成"英式侍卫、绅士、厨师"的角色，趣味性极高。

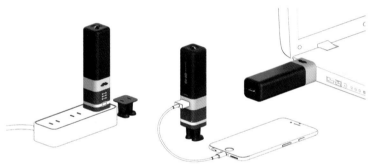

能量便当充电器

设计：麦奋宜
班级：产品 063
单位：深圳市亿觅科技有限公司
专利：外观专利（ZL 2015 3 0031358.6）
奖项：金点奖

　　抛开一切杂乱，还桌面一片整洁，还内心一刻平静。以便当盒概念设计寓意用户给各种设备"用餐"后，就像自己用完餐后会收拾餐具一样，习惯性地把线材收纳回去，以给自己营造一个干净整洁的桌面环境。

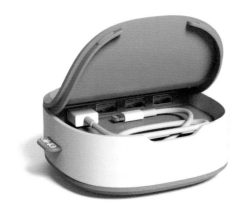

萨摩移动电源

设计：麦奋宜
班级：产品 063
单位：深圳市亿觅科技有限公司
专利：外观专利（ZL 2013 3 0114685.9）

　　萨摩移动电源，灵感来自冰雪国度的"天使"，永远保持白雪般纯洁的笑，犹如天使的微笑。这份微笑能够感染每一个人的内心，永远精力充沛，只有萨摩移动电源才能当您的守护天使，简洁的设计美学，活灵活现的仿生美学革新，一体成型的简洁体态，展现出"萨摩"最纯洁极致的"灵魂气质"。独特的狗耳朵为 LED 灯，采用真空镀工艺，以 3 种灯光颜色区分不同电量，搭配随机附送的衣服配件，是实用（保护和可收纳充电线）、个性、关怀的象征。

精灵智能灯

设计：麦奋宜
班级：产品 063
单位：深圳市亿觅科技有限公司
专利：外观专利（ZL 2015 3 0111406.2）
奖项：金点奖

　　呆萌的设计，让人情不自禁地想用手拿捏的治愈系精灵情感灯，它是一只开启您美好一天的唤醒宠物，或是在黑暗中给您温暖，陪伴您入睡的小精灵。外观设计大部分使用了环保硅胶材质，拥有肌肤般触感，富有弹性，配合触感技术，轻捏一下实现灯光开启及颜色切换，能带给用户一种人性化的美好交互体验。

漂浮防水蓝牙音箱 - 冲浪板

设计：麦奋宜
班级：产品 063
单位：深圳市亿觅科技有限公司
专利：外观专利（ZL201730044999.4）
奖项：金点奖

　　亿觅防水漂浮蓝牙音箱，是一款兼容多场景使用的便携蓝牙音箱。从全球著名的冲浪圣地 - 亨廷顿沙滩获取灵感，优雅流畅的冲浪板造型设计，配合严密的 ipx7 级防水结构设计和重量平衡布局，可抵受水浪的冲击，可漂浮于水面上使用，背面设计巧妙的尼龙圆环带，可收可解，也可悬挂使用。无论您在哪里旅行，如在海滩、游泳、沐浴等，漂浮在水上、悬挂起来，或是放桌上，都能将美妙的音乐带到您的身边，让音乐围绕您的生活空间。

晴风 –USB 桌面风扇

设计：麦奋宜
班级：产品 063
单位：深圳市优贰科技有限公司
专利：外观专利（ZL201830045661.5）

　　晴风 –USB 桌面风扇是一款兼顾大风力和静音的桌面个人风扇。简约的外观设计，在夏季是您办公桌上不可缺少的实用设备，操作简单便利，通过 USB 端口，可连接电脑端，手机适配器或移动电源供电，内置可充电电池，因此可在任何地方灵活使用。风向可在 90°角与180°角范围内随意调整，可实现送风或空气循环两种模式切换，前风扇格栅可通过旋转方式拆卸，方便清洗灰尘。

紫漩 –USB 灭蚊灯

设计：麦奋宜
班级：产品 063
单位：深圳市优贰科技有限公司
专利：外观专利（ZL201830045671.9）
奖项：金点奖

GOLDEN
PIN
DESIGN
AWARD

　　紫漩 –USB 灭蚊灯是一款不需要采用任何化学灭蚊物质的灭蚊设备。采用光催化（368nm 波段紫蓝光灯），360 角度发光，能吸引任何方向上的蚊蝇，配合风机高速搅动周围空气形成涡流，将蚊蝇吸到防逃逸捕捉器的底部，直至风干而死，是一种环保的灭蚊方式。外观设计灵感源自斯堪的纳维亚极简美学，清新优雅，能融入家居环境氛围，配合纽扣式手提带，因此您可根据使用环境拆卸和装合，除了放置桌面或地面，也可悬挂在墙上、横杆子上。

海尔 A6 智能手机

设计：黄康尧
班级：产品 064
单位：深圳市联代科技有限公司
客户：青岛海尔通信有限公司

　　海尔 A6 智能手机源自设计师的匠心雕琢，5.5 英寸屏幕，2.5D 曲面设计，纳米注塑金属一体机身，手感舒适，质感非凡。

海尔 L508 智能手机

设计：黄康尧
班级：产品 064
单位：深圳市联代科技有限公司
客户：青岛海尔通信有限公司

　　海尔 L508 智能手机外型纤薄，5.25 英寸屏幕，窄边框，亮雾铜体匠心工艺，航空铝材机身，舒适的握持感，体验感极好。

阿尔卡特小屏翻盖手机

设计：杜嘉媚
班级：产品 064
单位：南昌黑鲨科技有限公司
客户：TCL 通讯科技控股有限公司

设计定位为针对低端市场的主
体冲量机型，优先以成本为导向。
设计中使用不同的电火花纹理，使
得产品堆出层次感，从而让产品保
证低成本，但不显廉价。

便携式 WiFi 设备

设计：杜嘉媚
班级：产品 064
单位：南昌黑鲨科技有限公司
客户：TCL 通讯科技控股有限公司

运营商定制的随身 WiFi 设备。设计使用全双色注塑壳体，有很好的外观亲和力。银色的边角 logo 牌，作为点睛之笔，彰显设计细节。

阿尔卡特直板手机

设计：杜嘉媚
班级：产品 064
单位：南昌黑鲨科技有限公司
客户：TCL 通讯科技控股有限公司

　　联通定制的旗舰手机，整体采用高流平的白色钢琴漆做主色调，整体造型饱满。前壳与后壳特意保留了三段式的阶梯设计，让机体视觉效果更纤细、轻薄。

"少女的星空"手表

设计：何惠娇
班级：产品061
单位：深圳市有棵树科技股份有限公司

字面上钻石代表了新款，贝壳表面代表了大海，表耳半心型紧紧相连。

"星空漫步" 腕表

设计：何惠娇
班级：产品 061
单位：深圳市有棵树科技股份有限公司

天地万物的大小，从庞大的太阳系到浩瀚的银河系，一直到广袤无垠的宇宙，唯有时间无坚不摧。

"指南者" 户外手表

设计：何惠娇
班级：产品 061
单位：深圳市有棵树科技股份有限公司

　　手表风格简洁，指南针刻度设计元素采用了三维立体设计：分针和秒针被安装在从其上下穿梭而过，使腕表更有生机。黑红搭配表盘，棕色表带搭配，抓住了精湛的撞色搭配趋势，表耳螺丝钉搭配，巧妙的赋予了腕表和谐之美。

"戒指之恋"腕表

设计：何惠娇
班级：产品 061
单位：深圳市有棵树科技股份有限公司

　　戒环形状表壳，表面镶嵌着代表两人的 2 颗小钻石以水纹连接状呈现，记录现实中两个人的爱情虽历经风雨却历久弥新，如时间般永恒。白色主调是清纯、纯洁和神圣的象征。

"魔灵"电竞椅

设计：何惠娇
班级：产品 061
客户：佛山市优谊可家具有限公司

　　跑车设计概念，设计符合人体工程学，便于坐者的操作及体验，可以保证舒适度。整体造型时尚、大气，塑造炫酷肌理线条，采用黑红经典热血配色，人体工程学包裹椅背，面料采用的是跑车专用软质皮革，160 度后趟，4D 扶手设计，五星脚高承重五爪。

智能净化一体饮水机

设计：陈金祝
班级：产品 074
单位：深圳市路科创意设计有限公司
奖项：金点奖

采用简洁几何形体配合金属一体成型工艺，具备智能净化，冷热辅助，健康推送等智能化设计，赋予消费者安全、实用的饮水体验。

SADES/ 赛德斯闪翼游戏鼠标

设计：陈金祝
班级：产品 074
单位：深圳市美哲工业设计有限公司
客户：深圳市赛德斯数码科技有限公司

　　在设计上，打破传统鼠标普遍采用的塑料底座方式，设计结合鼠标左右翼，启用全新的金属底座，以丰富产品层次感，衬托主体。产品采用多方位折射导光方式，结合涡轮式两侧的造型，将整个鼠标的机械感和游戏风格表现得更为突出灵动。

黑爵 AK47 机械键盘

设计：陈金祝
班级：产品 074
单位：深圳市美哲工业设计有限公司
客户：福州苇航电子有限公司

　　"黑爵"打造平民级旗舰版机械键盘，产品以黑色作为主色调，辅以银色的金属片进行点缀，打造出硬朗的视觉体验。可替换金属扶手，阳极氧化色彩设计，配合收边弧面，展现舒适操作体验。搭载了 cherry Mx 轴，多种引导式背光设计。

65 寸 TV

设计：郑海平
班级：产品 082
单位：深圳二十一克产品设计有限公司
客户：深圳市世纪联合创新集团
奖项：IF 奖

  用一分为二的设计让底座的线条简单独特，提升产品的想象空间，使产品本身呈现一种浑然一体的美感，让产品像一副贴合于地面的画，融入于环境，简单、优雅。屏幕和底座部分的浑然一体的工艺是通过铝挤压成型工艺和屏幕的结合，简化制造过程，简单的工艺让产品实现更高的价值。

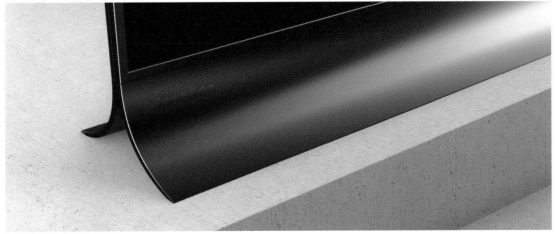

LED 地砖屏幕

设计：郑海平
班级：产品 082
单位：深圳二十一克产品设计有限公司
客户：深圳威斯视创技术有限公司
奖项：G-mark 奖　红点奖　IF 奖

　　这是一款应用在车展、晚会、运动会等场所的 LED 屏幕。场地不平也能快速精准拼装，轻量化设计是设计的重点，设计理念是希望通过更合理的利用材料，减少安装步骤，更快地让工人完成安装，提高产品安全性和稳定性。

SSSSSpeaker – 便携式折叠蓝牙音箱

设计：林董任
班级：旅游品 082
单位：深圳市森泊科技有限公司
客户：aiia
奖项：IF 奖

  SSSSSpeaker 便携式折叠蓝牙音箱，是一款能将音乐体验带入动感层面的互动式娱乐产品。紧凑而便携的可折叠音箱由硅胶制成，3W 功率的扬声器能持续使用长达 5 个小时。用一种新的使用方式和体验去表达它的设计理念：想要改变声音的类型只需调整硅胶形态，将其拉出可变为标准声音，将其折叠可变为扩散的声音，将其面朝下翻转变为轻柔的声音。硅胶与 ABS 塑料的结合，保证了产品的耐用性，同时使触感更加舒适。体积小、造型新颖、保养简易、耐久使用、定价合理，可适合户外、办公室和家庭的使用。

精英自拍杆套装

设计：林董任
班级：旅游品 082
单位：深圳摩米士科技有限公司

　　精英自拍杆套装是集手持和落地两种拍摄方式的拍摄器材套装。使用精致的 PU 皮纹设计可使得手柄握感舒服，搭配金属质感的躯干，既防滑，同时凸显出高端。自拍杆和夹子连接处的云台可 360 度旋转调整角度，能兼顾横拍、竖拍，大大地提高了拍摄的可能性。其蓝牙接收器通过 TPU 材质夹子的卡扣形式固定在手柄上，拍照更加自由且易于操作；手柄底部通过螺丝孔的接合方式来连接 PU 手绳或落地三脚架，随时切换使用场景。

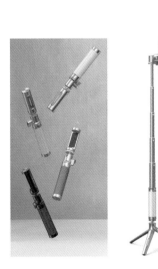

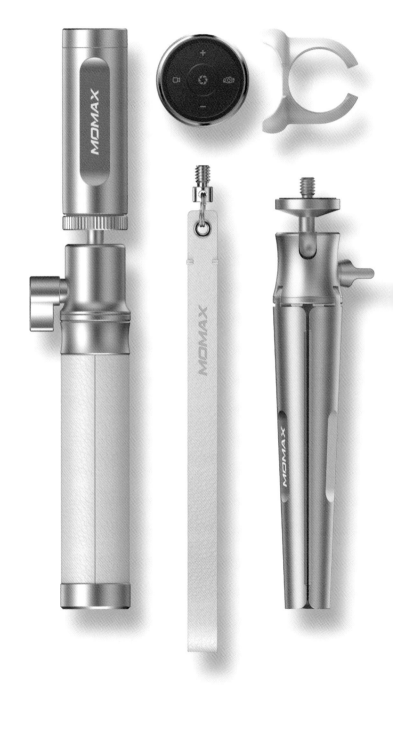

DINGDONG 智能触控蓝牙音箱

设计：陈茂栋　邓燕彬
班级：产品 083
单位：深圳旗鱼工业设计有限公司
客户：京东联合科大讯飞成立合资公司灵隆科技
奖项：CES 最佳智能家居设备　红星奖　中国好设计奖

　　由于京东智能家居圈的建立，京东需要一款能整合统筹智能家居的中心设备，来完善智京东＋智能家居的生态构建。从基于社会学的家庭组成和家庭功能出发，结合不同家庭成员的家居生活学习需求，设计一款本土化的智能家居语音产品——DingDong 智能音箱。DINGDONG 智能音箱设计语言提取自传统文化中圆与方的关系认知，两个造型元素巧妙地结合而成简约、整体的形态。音箱顶部布局采用唯一的旋转触摸式设计，强调语音交互的体验。21 颗 LED 3 色灯形成的环形灯带，256 色多色彩灯光交互设计，灯光效果细腻，将未来科技美感体现得淋漓尽致。借由产品向人们传达了传统与现代相融合的理念。

华帝嵌入式聚能灶

设计：陈茂栋　邓燕彬
班级：产品 083
单位：深圳旗鱼工业设计有限公司
客户：华帝股份有限公司

　　华帝嵌入式聚能灶采用全球首创的"聚能燃烧技术"，在燃气燃烧时，将燃烧所产生的大部分热能转化为高能光波，利用热能聚合反射的原理进行加热，由于光波穿透性强，能深入物体内部加热，且光波传热的方向性很强，不易被大气所吸收，减少热能在传导过程中的散失。方与圆结合的 X 型的支架和旋钮在视觉上彰显张力，挑战工艺难度的不锈钢大平面或细包边的玻璃大平面设计，让厨房显得大气、简洁宽敞，也让打扫清洁更加便利。

Et 支架搭载台车

设计：陈茂栋　邓燕彬
班级：产品 083
单位：上海旗鱼设计咨询有限公司
客户：奥林巴斯（中国）有限公司

　　围绕医疗空间"整体解决方案"的理念，是为医护人员改善手术环境、提高操作效率及管理而设计的一款手术辅助设备。它能灵活地改变台车的形态而对应各种手术室的布局，对应各种不同类型手术中需要的布局摆位。在功能分区上，它能有效地对手术过程中的 ET 支架等器材进行污净分区管理，对手术中需要准备的各类 ET 支架储备有很好的分类与管理。从而让错综复杂的手术空间变得整洁有序，大大地降低了器材间交叉感染的风险，让手术更加安全、高效。

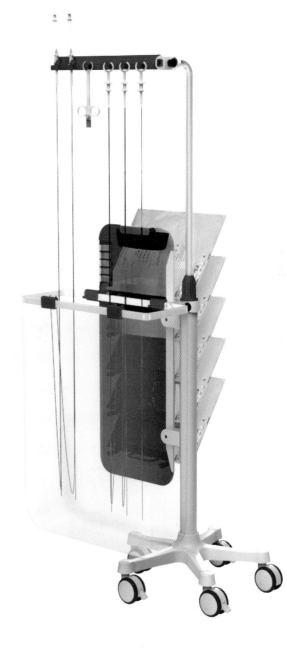

超宝手推洗地机

设计：郑　橇
班级：产品 083
单位：广州原子设计有限公司
客户：广州超宝清洁用品公司

　　超宝手推洗地机，一改市场上大部分洗地机简单的造型，选取"鲨鱼鱼鳍"的外观造型为设计灵感，动感的线条，丰富的造型，挑战滚塑工艺的难度，让产品刚毅中带着速度，体现超宝新款洗地机，清洁速度快，质量有保证。配色上也大胆地采用上下壳分色的方案，与市面上的产品建立差异化，让产品识别性更强。

观靶镜电子摄像头

设计：郑　樾
班级：产品 083
单位：广州原子设计有限公司
客户：广州博冠光电科技股份有限公司

　　观靶镜电子摄像头改变以往使用观靶镜的方式和流程，它可与显示器有线连接，也可以通过移动端对观靶镜拍摄的镜头实时监控，极大程度上方便了使用者。其外观小巧，线条动感具有趋势性，与市场上现有的产品建立差异化，向用户传达便捷、精准的设计理念。

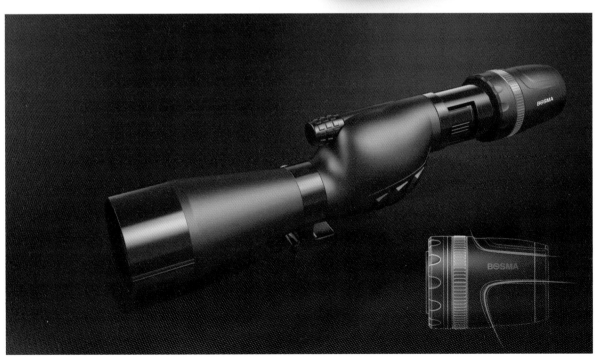

绣虎系列望远镜

设计：郑　樾　陈珮如
班级：产品 083
单位：广州原子设计有限公司
客户：广州博冠光电科技股份有限公司

　　"绣虎"为 BOSMA 旗下子品牌 CAT 全新的系列产品，定位主打年轻人市场，过程中提取绣字为设计理念和系列统一元素，将中国缝纫刺绣的认知融入外观设计，大胆尝试在望远镜筒身上使用不同的材质结合，挑战工艺难度。材质之间使用缝纫线的造型进行穿插，配色迎合当下的年轻人的审美情趣，使用多彩的配色，吸引消费者眼球。远看宛如望远镜穿着一件华丽的衣服，美丽而动人。

XIRO 模块化无人机

设计：李木林
班级：产品 094
单位：深圳零度智能飞行器有限公司
奖项：红点至尊奖 IF奖 G-mark奖 金点奖
　　　红星奖金奖 亚洲最具影响力设计奖

　　XRIO 在 XPLEROR 无人机系列中创新采用标准模块化概念设计，一架飞行器同时支持多款相机，无须工具瞬间切换，同时云台、电池、飞控中心都可以独立更换购买，大大降低了用户的购买和整机维护成本。设计来源参考 U2 隐形战机，棱角分明的菱形切面设计配合炫酷涂装。彰显品位，打造独一无二的未来科幻感。

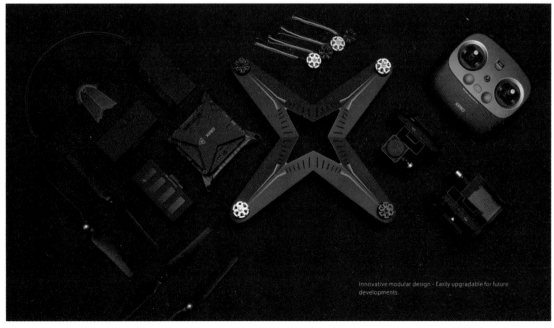

Innovative modular design - Easily upgradable for future developments.

XIRO 便携式无人机遥控器

设计：李木林
班级：产品 094
单位：深圳零度智能飞行器有限公司
奖项：红点至尊奖　IF 奖　G-mark 奖
　　　金点奖　红星奖金奖　亚洲最具影响力设计奖

　　遥控器一体化设计，外观简约时尚，模块化设计是产品的设计亮点，云台可根据产品的功能需求组合拓展，可视化多角度地抽拉式手机支架，不用时，可以完全收纳在遥控器里面。手持轻便，舒适，背部便携提手可站立式摆放。出色的人体工学曲线弧度设计，带来卓越的握持手感。

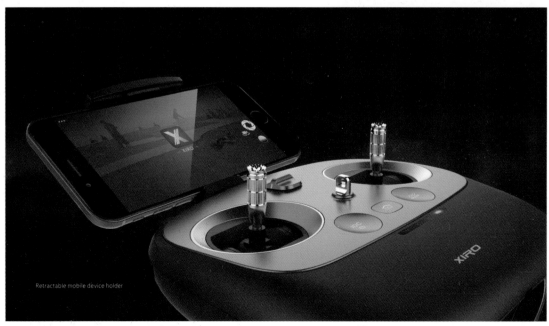

Retractable mobile device holder

XIRO 模块化手持云台

设计：李木林
班级：产品 094
单位：深圳零度智能飞行器有限公司

　　外形小巧，简易操作，整体设计理念延续了 XPLORER 无人机模块化理念和菱形切面的设计元素；可搭载于零度 XPLORER 无人机上。配合人体工程学贴合手部曲线，减轻长时间握持拍摄带来的疲惫。内含高度集成的图像处理系统，最高支持 5.5 时移动设备，净重仪有 150g 可随身携带，单手也能成就影像大片；机体一个拍摄按键。

Ready to play, enjoy the creation

XIRO 无人机便携收纳包

设计：李木林
班级：产品 094
单位：深圳零度智能飞行器有限公司

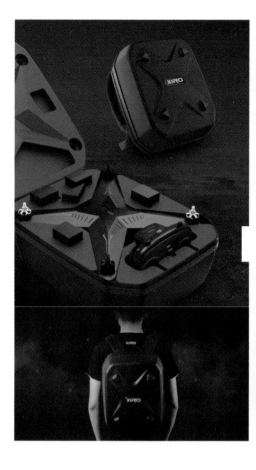

外形尽显棱角形态，科技感十足，外壳采用 ABS 材料，具有抗冲击性、耐磨性，即使是在极寒、极热的情况下，依旧不会变形；内置 EPP 减震内胆，性能卓越的高结晶型聚合物能够有效减少环境带来的震动。同时，整体采用最新的人体工学设计，特有的背部三块减震垫，贴合人体背部力学设计，给你更舒心的飞行体验，不仅能减轻背负的重量，同时能修饰背部曲线。

XIRO 无人机智能避障系统

设计：李木林
班级：产品 094
单位：深圳零度智能飞行器有限公司
奖项：红点奖

外形尽显棱角形态，科技感十足，外壳采用 ABS 材料，具有抗冲击性、耐磨性，即使是在极寒、极热的情况下，依旧不会变形；内置 EPP 减震内胆，性能卓越的高结晶型聚合物能够有效减少环境带来的震动。同时，整体采用最新的人体工学设计，特有的背部三块减震垫，贴合人体背部力学设计，给您更舒心的飞行体验，不仅能减轻背负的重量，同时能修饰背部曲线。

外观设计提取探索者设计元素，融合二代无人机家族化设计，棱角分明、酷炫、霸气；XRO 独家智能避障系统，给您 360° 的安心；雷达式扫描技术与零度专业飞控结合，360° 全方位每秒 50 次刷新；造就更加精准的智能避障系统。

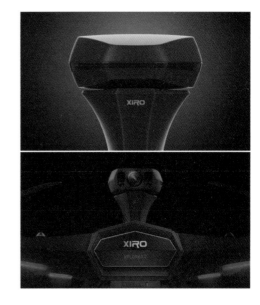

360°全方位智能避障系统
360° full intelligent obstacle avoidance system

W12 无线降噪耳机

设计：林　力
班级：产品 094
单位：深圳市科奈信科技有限公司
奖项：红点奖　IF 奖

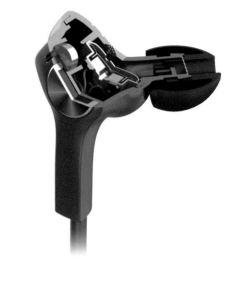

　　无论何时何地，您都可以尽情地享受音乐，拥有行业领先的噪音消除功能，智能化和轻松的颈带，让您全天佩戴舒适。耳机的设计基于人机工程学，耳挂式设计，提供更舒适的佩戴体验及确保佩戴时不会滑落。独特的耳机设计引导音频进入耳道并提供出色的低音体验。W12 内部安装了麦克风，对噪音做出了过滤，让您更好地欣赏音乐。

M1E 耳挂式运动无线耳机

设计：林　力
班级：产品 094
单位：深圳市科奈信科技有限公司
奖项：红星奖　IF 奖

　　M1E 是基于人体工学设计的运动 HiFI 蓝牙耳机，耳挂式设计和特殊的形态，可舒适便携的贴合任何耳朵形状。独特的耳塞设计引导音频进入耳道并提供出色的低音体验，产品提供更舒适的佩戴体验及确保运动时不会滑落。

智能移动电源

设计：林　力
班级：产品 094
单位：深圳市宝嘉能源有限公司
奖项：IF 奖　G-mark 奖　金点奖

　　POWER TUBE 3000 色彩缤纷的智能移动电源，轻巧便携，内置苹果 Lightning 接头，苹果 MFi 认证，无须额外充电线。通过手机等移动设备下载 APP，有温度提醒、距离警报、忘带提醒、蓝牙自拍等多种功能。

环绕声无线耳机

设计：林　力
班级：产品 094
单位：深圳市宝嘉能源有限公司
奖项：G-mark 奖　IDEA 奖　IF 奖

　　M3 是一款专业而低调的豪华环绕声无线耳机。 耳机使用舒适的记忆海绵和天鹅绒材料。它与大多数手机、平板电脑、笔记本电脑和其他蓝牙设备兼容。 内置 USB 端口和 3.5 毫米可伸缩电缆支持，可通过非蓝牙设备聆听音乐。USB 端口也用于为耳机充电以保障设计简洁。噪声消除技术的应用确保了其完美的声学质量。其清晰的语音通话功能可让您自由地与他人聊天。

防水运动无线耳机

设计：林　力
班级：产品 094
单位：深圳市科奈信科技有限公司
客户：摩托罗拉（中国）电子有限公司

　　方便的耳钩设计使耳机可以完美地包裹耳朵的轮廓，以便在剧烈的运动中提供额外的支撑。IP57 防水防汗结构让您随时随地都可以随意佩戴。非常适合上班族，健身爱好者和运动员使用。

罗比特玻璃杯

设计：黄少彪
班级：生活品 092
单位：广州来启网络科技有限公司
客户：广州早尚家居用品有限公司
专利：实用新型（201620492622.5）
　　　外观（201630143497.2）

　　很多学生都拥有了自己的智能手机，设计师想要把手机支架和水杯做结合，解决这个用户需求。罗比特玻璃杯和市场上兔子元素的杯子有着明显的差异化，利用 Q 弹的硅胶兔脚与手机支架的结合，让杯子和用户有了更多的互动，受到腾讯集团，平安银行等公司的青睐。

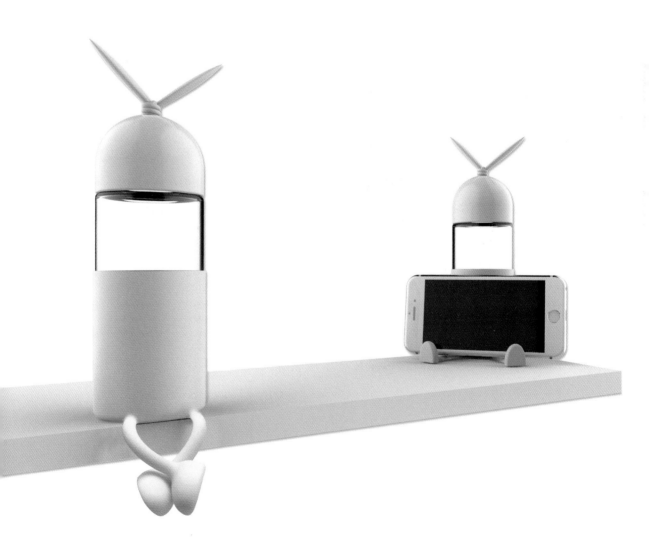

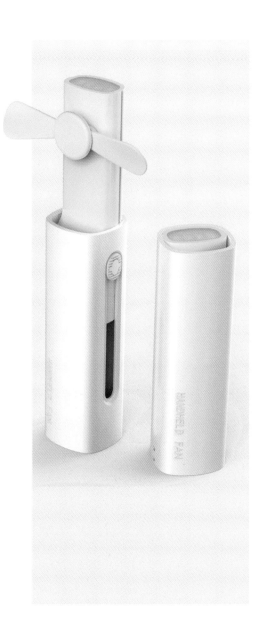

竹蜻蜓小风扇

设计：黄少彪
班级：生活品 092
单位：广州来启网络科技有限公司
客户：深圳熙彼儿电子有限公司
专利：实用新型（ZL201820073313.3）
　　　外观（ZL20173050258.2）

　　竹蜻蜓小风扇是一款新型扇页结构的便携小风扇，通过扇叶的创新收藏结构，真正做到了体积小、风力大的特点。扇叶材质是不伤手的软质 TPE，加上 KC 认证的 18650 电池，使其续航能力达到 23 个小时。同时竹蜻蜓小风扇还是一个应急移动电源和小夜灯，精巧的设计受到市场的青睐，一个季度便卖出了 500000 只。

思扣保温杯

设计：黄少彪
班级：生活品 092
单位：广州来启网络科技有限公司
客户：广州早尚家居用品有限公司
专利：实用新型（201520345735.8）

　　思扣保温杯是一个近乎看不到设计的设计作品，市场上的水杯的提手已经有很多的设计方案，设计师想要找到最朴素的表达方式，不增加任何多余的设计，将装饰硅胶反转成为提手，增加摩擦力，方便拧开盖子，手感舒适。杯身内外采用奥氏体 304 不锈钢材料，内胆超微波镀铜，有效地增加了保温效果。

动物小风扇

设计：黄少彪
班级：生活品 092
单位：广州来启网络科技有限公司
客户：深圳熙彼儿电子有限公司
专利：外观（ZL201430079357.4）

这是一款为韩国市场设计的桌面小风扇，内置聚合物电池可连续使用 7 个小时，简洁圆润的外观，柔软的 EVA 扇叶静音又安全，多款耳朵头箍共用一个身体，款式丰富的同时节省了前期的开发成本，用户也多了选择的空间。

无烟烧烤炉

设计：庄　彪
班级：生活品 092
单位：佛山六维空间设计咨询有限公司
奖项："省长杯"银奖

本产品为室内外通用的新型无烟烧烤炉。产品外形简洁大气，体积小巧，操作简便，且满足用户室内外兼用的需求。通过全球独有的旋火专利设计，使得本产品使用过程中燃料燃烧得更加充分，且一氧化碳排放更低，给消费者带来更加经济、健康、环保的烧烤体验乐趣！

迷你秒开水机

设计：庄 彪
班级：生活品 092
单位：佛山六维空间设计咨询有限公司

行业最小的即热水机，时尚、小巧、精致。独有的 MCH 加热技术加热只需 3 秒，适合家庭、办公室甚至出差旅行的酒店，随时随地喝健康水、新鲜水！

智能茶饮机

设计：庄　彪
班级：生活品 092
单位：佛山六维空间设计咨询有限公司
客户：广州白沙溪茶具有限公司

　　"笔韵茶香"智能茶饮机，在外观设计中加入中国传统元素，使产品融入文化之中，而不是简单的电器。本产品为用户提供了全新的泡茶饮茶体验，简单方便、高效快捷。此外，它还对中国茶文化在世界的推广起到了一定的作用。

一条线建模 Rhino 产品造型进阶教程

编著：郭嘉琳　黄隆达
班级：生活品 093
单位：广州市云尚教育科技有限公司

  Rhinoceros "一条线建模方法" 是云尚教育的技术研究成果。大量的案例实践证明，"一条线建模方法" 简单、精确、易修改，完全颠覆传统复杂混乱的建模思路！

  主要内容包括 "一看" "二断" "三确定"，深入剖析模型中相同属性线条的提取方法，全面阐释曲面中 ISO 结构线造型控制的基本原理，从独特的视角出发，还原曲面的本质！仅需一条线，让 3D 建模方式从此实现曲面革新！

PB 系列注塑机

设计：郭嘉琳　黄隆达
班级：生活品 093
单位：广州市云尚教育科技有限公司
客户：佛山市宝捷精密机械有限公司

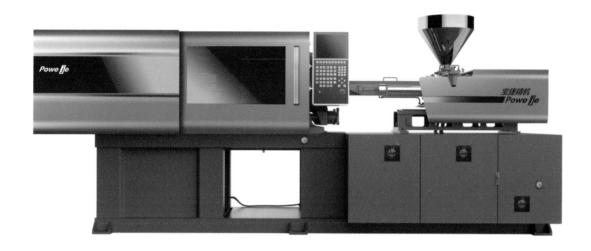

PB 系列注塑机是宝捷精机专为 PP 塑料包装桶的生产而研发的专用机型，改良设计机械结构更适合制桶要求，生产效率更高，产品生产更稳定。适用于 PP 塑料桶、塑料包装桶、防水涂料桶、农药农资桶、机油桶、油漆桶、防冻液桶、肥料桶、促销塑料桶、乳胶桶、密封桶、酵素桶、塑料水桶、化工塑料桶、油桶、收纳桶、周转桶、通用包装桶、农化工包装、化工桶、食品塑料桶 家庭用品包装、酒水、饮料包装桶、水桶等的生产。

智能空调触控面板

设计：郭嘉琳　黄隆达
班级：生活品 093
单位：广州市云尚教育科技有限公司
客户：广东精讯科技股份有限公司

　　中央空调智能控制面板根据室内的环境、温度变化，模拟人体体温的变化规律，自动调整空调的运行状态，从而智能调节和控制室内温、湿度，达到环境舒适、节能降耗的目的。

ARTIST 穿戴式无线蓝牙耳机

设计：郭嘉琳　黄隆达
班级：生活品 093
单位：广州市云尚教育科技有限公司
客户：广州动拍电子科技有限公司

ARTIST 穿戴式无线蓝牙耳机，将主板、电池、芯片内置到极简的矩形体中，可穿戴式设备与吊坠相结合，为数码产品带来更有趣的使用体验。

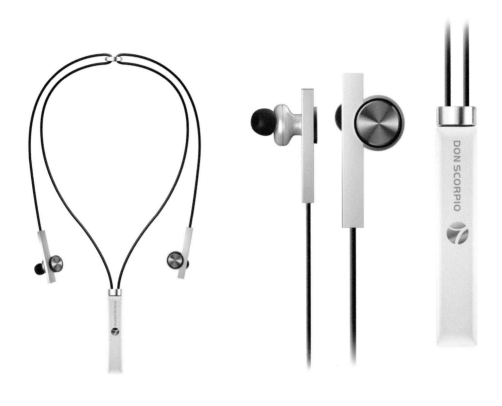

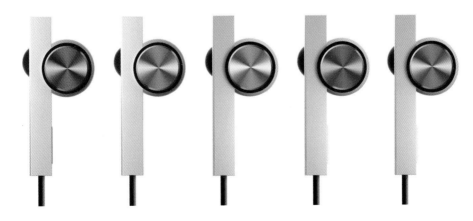

家居清洁套装

设计：王小平
班级：产品101
单位：青龙设计（广州）有限公司
客户：广东省阳江市新悦日用品有限公司

　　这是专给年轻人定制的一套全屋清洁工具，以最简易的几何体来塑造产品的时尚和优雅，保证每个单品的基本功能互不影响，体现出该设计师对生活的追求，同时也体现出该设计师想用设计来减缓快节奏的生活。

智能电饭煲

设计：王小平
班级：产品 101
单位：青龙设计（广州）有限公司
客户：深圳福库电子科技有限公司

　　智能电饭煲是一款 APP 远程操控的年轻、时尚智能产品，柔和的线条设计，更使家庭充满和谐、温馨的氛围，金边雕刻的点缀能体现生活的高雅，且充分体现极简主义精髓。

智能电风扇

设计：王小平
班级：产品 101
单位：青龙设计（广州）有限公司
客户：艾美特电器（深圳）有限公司

　　智能电风扇是一款可用 APP 远程遥控的智能电风扇，产品定位日本、韩国市场，自动升降的功能使产品体验更方便，简约包裹线条及金属环点缀更能体现产品的优雅。

耳机

设计：王小平
班级：产品 101
单位：青龙设计（广州）有限公司
客户：广州永和电子有限公司

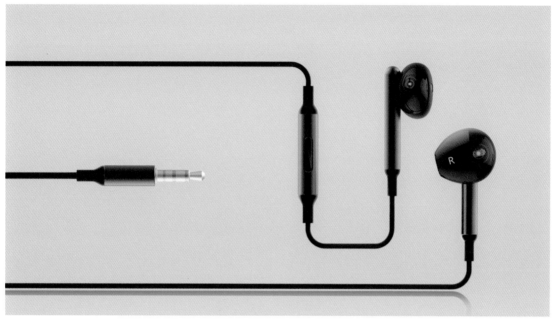

半入耳式耳机

这款半入耳式耳机是适配市场上大部分智能手机的高性价比产品。纯黑的色彩设计，让使用者可以不用顾虑与手机直接的搭配问题。

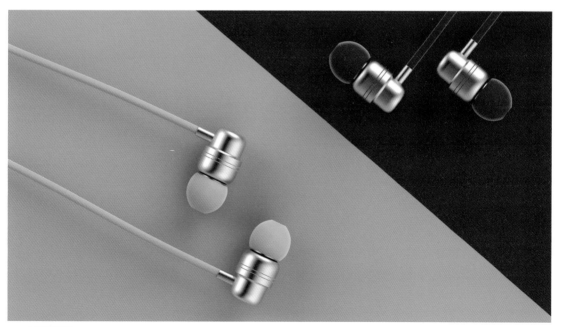

入耳式耳机

入耳式的产品结构可以大大地降低噪音，让使用者更好地沉浸在音乐中。哑光金属材质搭配时尚的色彩，给人较强的科技感的同时又具备时尚感。

便携式电熨斗

设计：王小平
班级：产品 101
单位：青龙设计（广州）有限公司
客户：广东天物至善生物科技有限公司

　　它是一款功能强大，同时体积小巧的便携式电熨斗。产品以简约、优雅的线条来塑造轮廓，一体一线，手柄遵循造型结合功能的设计理念，亮面与纹面的结合，更能凸显该产品的气质及产品语言的传达。

动物合唱团智能蓝牙音箱灯

设计：余惠瑜
班级：产品 101
单位：深圳宝嘉能源有限公司 (mipow)
奖项：IF 奖　红点奖

　　"动物合唱团"（PLAYBULB Zoocoro）是一套智能蓝牙音箱灯。它将设计、技术、灯光和音质完美兼容，产品外观以动物为主题，材质选用安全的软性搪胶，任何年龄的用户都适用。Zoocoro 主要团员有：熊 (Bear)、鸭子 (Duck)、小猪 (Piggy)、兔子（Bunny）等，这些都是相对受孩子们和女性喜爱的卡通形象。它们不仅可以把孩子天马行空的幻想带到现实生活，而且带给了成年消费者一种全新的体验。

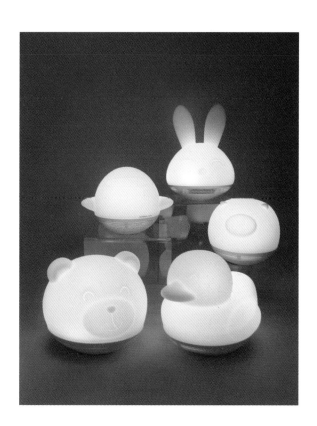

Power Cube 5000 移动电源

设计：余惠瑜
班级：产品 101
单位：深圳宝嘉能源有限公司 (mipow)
奖项：金点奖

Power Cube 5000 移动电源是一款超薄铝合金便携式充电器，2.4A 输出，5000 毫安容量，快速充电。嵌入式 MFi 认证接头，以及另设的 USB 接口，同时满足苹果和安卓设备使用。全铝合金外壳搭配流线型的设计，充分提升产品整体的质感和手感，让它不仅仅是一款移动电源，更是一款时尚的数码配件。

MIPOW 智能 LED 灯泡

设计：余惠瑜
班级：产品 101
单位：深圳宝嘉能源有限公司 (mipow)
奖项：红点奖

reddot design award

　　MIPOW（麦泡）智能 LED 灯泡，可通过移动设备蓝牙连接远程操控开、关、亮度及颜色，它适用于蓝牙 4.0 的苹果设备和安卓 4.3 及更高版本的设备，将它安装到任意一个 E27(美国加拿大为 E26) 灯座即完成安装，是开启智能生活的必备之选。

PLAYBULB POOL 蓝牙智能 LED 泳池灯

设计：余惠瑜
班级：产品 101
单位：深圳宝嘉能源有限公司 (mipow)
奖项：红点奖 金点奖

PLAYBULB POOL 蓝牙智能泳池灯，通过太阳能面板充电，防水的设计让它适用于游泳池和户外。运用独家免费应用程序来进行控制，除了改变它的亮度，颜色和灯光效果，还能实现定时开、关灯，摇一摇变色等功能。它使游泳池颜色丰富，灯光效果能表达出不同的气氛，是一款充满设计感和趣味性的泳池灯。

iPOWER-GO-SLIM 便携式充电器

设计：余惠瑜
班级：产品 101
单位：摩米士科技（深圳）有限公司

　　iPOWER-GO-SLIM 是一款超大容量的轻薄型便携式充电器，源自方便旅游为创作灵感，以旅行箱造型延伸设计，时尚又有趣味。双口输出，可同时为两台设备补充能量，功能强大。

智伴机器人 1S

设计：许剑健
班级：生活品 101
单位：深圳洛可可工业设计有限公司
客户：广州智伴人工智能科技有限公司
奖项：2017 年荣获 CES 中美高创之星创新品牌奖　2018 年荣获美国 CES
　　　展国际物联网高峰论坛暨投融资大赛一等奖，并在黑马大赛总决赛中
　　　斩获冠军　2017 年智伴机器人 1s 取得年度销售额破亿的佳绩

随着城市生活节奏的加快，全国近 7 成父母没有时间陪伴孩子，近 2/3 的儿童与手机或 iPad 为伴，家长无法给予孩子的不再是物质上的满足，而更多是"有效陪伴"的时间。

设计师以创新设计出发打造的一款从娱乐、教育到呵护陪伴于一体的儿童智能产品。同时，智伴科技希望这款产品可以以千元以下的价格走进更多的家庭，并从功能、设计等方面超越市场现有同类产品，成为家长送给孩子的最好礼物。

设计师走进孩子们的世界，了解他们真正对于"陪伴"的需求，在孩子们天马行空的想象中寻找设计灵感。最终一款以"遗落战境的飞行器"获取灵感的"小精灵"——智伴机器人 1S 诞生了。在设计上，它有着类似椭圆形的外身，犹如破壳而出的精灵，带有两侧的"小翅膀"和头顶出于便携考虑设计的"触角"，成为 2~10 岁儿童一眼便爱上的"小伙伴"。

X-Plus 智能租赁屏

设计：许剑健
班级：生活品 101
单位：深圳洛可可工业设计有限公司
客户：深圳市德彩光电有限公司
奖项：IF 奖 中国好设计奖

　　X-Plus 智能租赁屏，采用流线体设计，镁合金材质箱体框架，使产品更加轻盈、坚固；碳纤维材质把手设计，能带来更加舒适的握感体验。全新弧度锁专利设计，仅需两步即可实现弧度拼接，拼接速度比传统租赁产品提升90%，精度高达 0.1 毫米。独创的电源盒快速更换设计，能在 5 秒内维护完成，比传统租赁产品提升 80% 的工作效率。同时也能轻松实现完美的直边拼接，解决了传统弧形租赁产品难以拼接直边的问题。主要应用于电视台、高端会议活动、新品发布会、舞台晚会、演唱会、交流会等各种活动场所；产品有效地降低了客户的运输和安装成本，节省舞台租赁活动现场搭建时间和大量的人力和物力，为客户创造更大的价值。

LED 显示屏钻石系列 P3.91

设计：许剑健
班级：生活品 101
单位：深圳洛可可工业设计有限公司
客户：深圳市巴科光电科技有限公司
奖项：红点奖

reddot

用于室内的 LED 显示屏 Diamond Series P3.91 具有独特的金刚石浮雕，为其技术外观增添了奢华的设计元素。外壳采用弧形边缘和大手柄，可安全使用。小型集成屏幕指示显示器的电压、温度、电流使用持续时间和总体利用周期。无线设计使安装快速、简便。

Storion Smile 5

设计：许剑健
班级：生活品 101
单位：深圳洛可可工业设计有限公司
客户：沃太能源南通有限公司
奖项：红点奖 IF 奖

reddot   product design award

　　Storion Smile 5 储能单元的设计，让人想起计算机游戏"俄罗斯方块"中的长方体和块体。 这种模块化设计使设备具有独特的外观，并且可以方便地组装和拆卸各个电池元件。 Storion Smile 5 可以通过应用程序进行监控和控制。即使在电源故障的情况下，该系统的集成不间断电源（UPS）也可确保可靠供电。

"胡子先生" 便携剃须刀

设计：张国乐
班级：生活品 104
单位：深圳三点一思工业设计有限公司

"胡子先生"是一把便携式剃须刀，它很简洁、巧妙，能让您更加绅士，它主要陪伴您旅行、出差，使您的旅途更轻松。

飞利浦金科威胎儿监护仪

设计：张国乐
班级：生活品 104
单位：深圳市东海浪潮工业设计有限公司
客户：飞利浦金科威（深圳）实业有限公司

　　本产品围绕精于心、简于形的设计理念，剔除掉一些华而不实的造型，整合多种功能为一体，纯粹而诚实的极简设计。产品可监测胎心，宫缩压，自动胎动标记，并具有医生标记功能；触屏操作和人性化的界面，让操作简单、方便；探头收纳整齐有序，避免线多杂乱；可实时打印，医生可以自定义输入需要打印的注释内容；屏幕可根据配置功能的不同自动调整显示布局，以达到最佳的视觉效果。

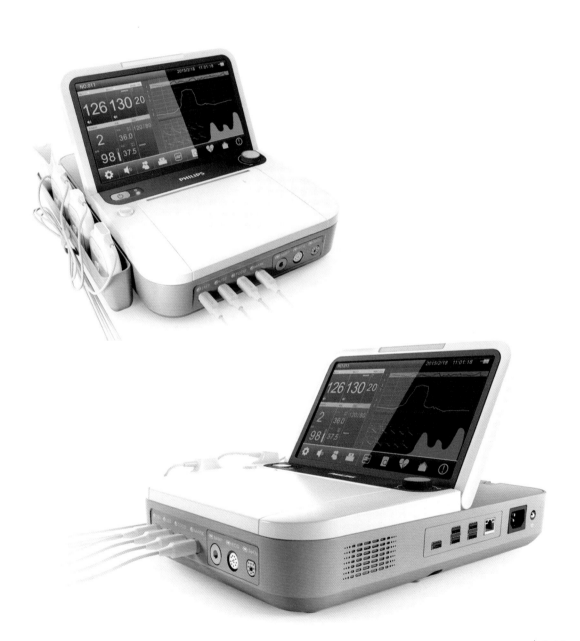

VOXTUBE 900 无线耳机

设计：林惺移
班级：产品 114
单位：深圳宝嘉能源有限公司 (mipow)
奖项：IF 奖　IDEA 奖

VOXTUBE 900 是一款完全无线的耳机。双耳塞设计，搭配智能降噪技术，保证优良音质。耳塞造型简约、大气，硅胶材质佩戴舒适。特别配置的充电盒，也是这款产品的一大亮点。人们只需要为充电盒充满电，将耳机放入盒子中，就能随时蓄电。充电盒还能用来放置耳机，解决了收纳问题，更能避免耳机丢失。

Apple Watch 无线磁力吸盘手表充

设计：林悝移
班级：产品 114
单位：深圳宝嘉能源有限公司 (mipow)
奖项：金点奖

这是一款苹果 MFi 认证的无线磁力吸盘手表充，拥有 6000mAh 电池容量，利用电磁感应为 Apple Watch 进行无线充电，将手表贴近无线磁力表盘上便可自然吸附充电。此外，手表充内置苹果 MFi 认证的 Lightning 接头，可同时为 iPhone 和 iWatch 充电。手表充背面专为 Apple Watch 设计防滑支架，为 Apple Watch 充电提供了安全和方便。

Seflie TIK 全收纳蓝牙自拍杆

设计：林惺移
班级：产品 114
单位：深圳宝嘉能源有限公司 (mipow)

    Seflie TIK 全收纳蓝牙自拍杆是一款全收纳式设计，能完全隐藏拉杆和支架的自拍杆。其特点是白色搭配银色金属镶嵌和皮绳，素雅的色彩搭配和精致的做工。边缘线条柔美，握感更舒适。从内而外，都在散发着"优雅"的气息。功能上支架角度有 180 度的旋转空间，让拍摄画面更广阔。采用蓝牙 4.0 技术，支持防丢提醒。实现高颜值、超便携，整洁利落。

PLAYBULB CANDLES 蓝牙智能蜡烛灯

设计：林惺移
班级：产品 114
单位：深圳宝嘉能源有限公司 (mipow)
奖项：IF 奖

　　PLAYBULB CANDLES 蓝牙智能蜡烛灯是一款室内氛围灯，其小巧精致的外观设计十分讨喜。通过 PLAYBULB X 免费应用软件，可以改变灯光颜色、效果，居家就能营造浪漫氛围；定时开 / 关功能，赋予其小夜灯的角色，安心助眠；如同蜡烛般可吹亮、吹灭，更是设计师带给用户的一份乐趣。

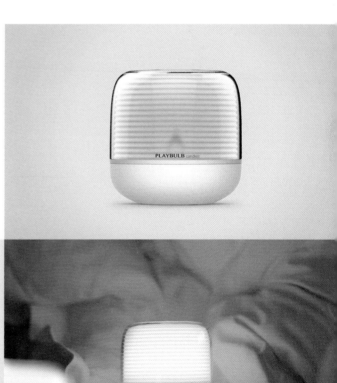

拍立充系列

设计：林悭移
班级：产品 114
单位：深圳市罗马仕有限公司
奖项：红点奖

拍立充系列 (Clap Series) 是由四个模块组成：拍立壳、拍立片、拍立充和拍立听。它的目的是为手机提供保护，装饰，充电和耳机充电／存储的扩展功能。通过每个模块上的插槽和磁铁设计，它们可以通过简单的"拍击"牢固地安装到拍立壳上，以实现不同的功能或外观。组合结构是此设计的核心，满足不同用户的复杂需求。

A10 真无线蓝牙耳机

设计：柯兴林
班级：生活品 122
单位：深圳市科奈信科技有限公司
客户：深圳市漫步者科技股份有限公司

A10 是基于人体工学设计的真正无线蓝牙耳机。完全无线的设计
和持久电池供电让您可以在每次锻炼时听音乐，独特的耳翼形态设计
可舒适便携地贴合任何耳朵形状，提供更舒适的佩戴体验，并确保运
动时不会滑落。您可以使用按键，进行切换到下一首歌曲，更改音量
并接听电话。另外，A10 还可以与 Android 和 iOS 设备配对。

科大讯飞晓译翻译机

设计：祝文豪
班级：产品 132
单位：深圳洛可可工业设计有限公司
客户：科大讯飞股份有限公司东莞分公司

市场上软件翻译虽然众多，但没有少数民族语言与汉语互译的硬件产品，科大讯飞凭借先进的云平台技术，打造出第一款实时多语言翻译产品。采用水波的涟漪与声波纹的传递设计元素，增强人机交互识别性。使用科大讯飞私有云，实现在线语音识别、转写、合成与翻译。按键排布结合使用方式。后壳安全呼叫按键，配置呼叫号码，紧急情况下一键安全呼叫呼救。

泛太卫星定位手电筒

设计：祝文豪
班级：产品 132
单位：深圳洛可可工业设计有限公司
客户：泛太通信导航（深圳）有限公司

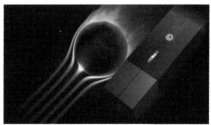

PTN S5 是一款全能户外工具，具有各种强悍的应急功能，让您轻松应对户外各种突发事件。拥有多颗卫星和强大的运营平台做保障，北斗全球卫星定位，MIMO 专利技术和救援服务平台，将航天科技和信息技术浓缩成无微不至的用户服务。产品本身表面采用铝合金氧化工艺，极致简约。配合一键操作的按键，使用简单明了。集成了数字光源、汽车启动器、双向快充、应急破窗、自定义摩尔斯码光通信等功能。

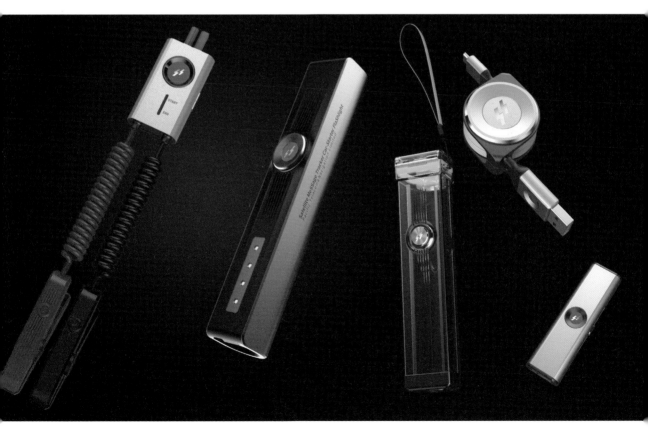

车载手机支架

设计：楼　烁
班级：产品 141
单位：深圳市时商创展科技有限公司

　　以萌动的小熊造型，丰富的配色，打造的创意车载配件。与手机的固定连接采用磁吸的方式，方便拆取。与汽车的固定连接采用出风口夹片，持久稳固。

蘑菇灯加湿器

设计：叶　铖
班级：产品 141
单位：深圳市几素科技有限公司

　　蘑菇灯加湿器，主要功能是为周边环境加湿，在干燥的空调房内，能够让人保持更多的水分，提高舒适感。设计灵感来源于可爱的小蘑菇盆栽。底部设计成托盘，让它既是风景也可置物。水箱部分则是小夜灯，开启灯光，可以营造出温馨而光亮的画面。

小狗暖手宝

设计：李成意
班级：产品141
单位：深圳市几素科技有限公司

　　设计以萌宠小狗为原型，圆润可爱、趣味盎然。表面采用植物提取，用于制作马卡龙的食物级染料，使外壳盖如婴儿肌肤般柔滑，具有生命力材质的自然触感。整体造型迷你小巧，单手可握，暖意油然而生，让您渡过一个惬意的暖冬。

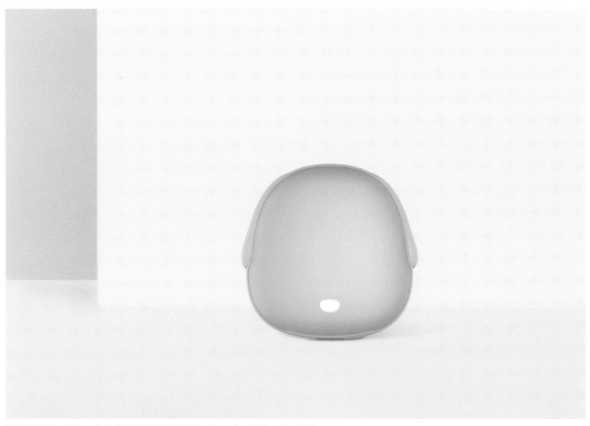

智能驾驶体验舱

设计：吴锦冠
班级：产品 143
单位：上海博泰悦臻电子设备制造有限公司
客户：中国第一汽车股份有限公司
专利：外观专利（201830471575.0 201830471967.7）

　　红旗智能体验舱分为前舱和后舱，对应的就是汽车里的前排和后排。座舱均采用半封闭式设计，赋予前排座舱蓄势待发之感，外观造型犹如将离弦之箭。后排座舱稳重大气，给体验者安全舒适的乘坐感受。座舱前部，从灯带造型，到红旗灯标，都遵循着2018 红旗全新设计语言，"飘扬"的设计语言自始至终，从整体、线条、玻璃、座椅乃至配件，每一处细节都无不体现出飘扬的姿态。CMF 设计上运用了大量的真皮、羊毛地毯、金属电镀装饰件、金属烤漆和全球首创的巨幕式穹顶玻璃，尽显红旗豪华尊贵体验。座舱内拥有全场景 Face ID 识别、AR 合影体验、MR 混合现实体验等"黑科技"，实现全语音人机无障碍交互。AI 智能氛围灯，可根据体验者衣着的颜色，提供专属体验者的灯光搭配，甚至能够根据用户衣着变化推荐不同音乐、介绍美食攻略、同步个人喜好数据等。前座舱布置行业唯一的四个可互动的 12.3 寸的屏幕、后座舱布置 15.6 寸双屏幕，提供更加精准的智能化服务。高清识别摄像头与阵列麦克风，使图像与声音信息的提取识别更为精准，给乘坐者带来立体式车联网服务体验。

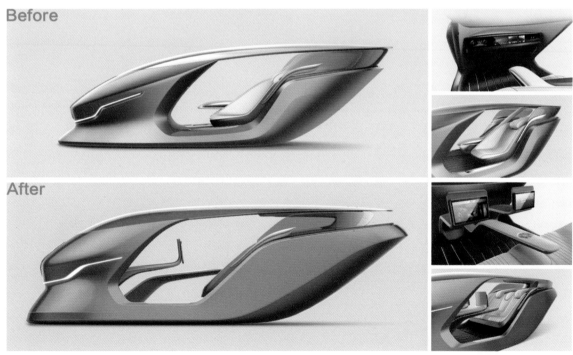

兔子灯加湿器

设计：罗文景
班级：产品 143
单位：深圳市几素科技有限公司

    设计以兔子为设计原型，四种颜色搭配，清爽感扑面而来。趋零辐射，不湿桌面，银离子雾化片，有效抑制细菌滋生。Micro USB 输入，适用于绝大多数自带电产品。根据雾化片震动频率检测含水量，一旦无水立即自动断电，安全可靠。温馨柔光伴随滋润空气，让您安心入睡。

萌汪夜灯小风扇

设计：罗文景
班级：产品 143
单位：深圳市几素科技有限公司

　　设计以萌宠小狗为原型，卡通造型，创意萌趣。Micro USB 输入，适用于绝大多数自带电产品。整体迷你小巧、温馨可爱，静音降噪，组合夜灯功能，让您安心入睡。

F2 风扇

设计：罗文景
班级：产品 143
单位：深圳市几素科技有限公司

　　7 片扇叶参考流体力学设计，风量集中不重叠，模拟自然风设计，可改变传统风扇的涡旋成分和硬风感。内部全铜无刷静音电机，运行稳定，低转降噪，静音性能优异。支持手持和桌面两种使用方式，整体迷你轻巧，便捷携带，让您轻装出行，清爽一夏。

与时代同行

1997~2018

后记

感谢广东轻工职业技术学院各级领导的重视和校友们的热情支持，《与时代同行 1997~2018——广东轻工职业技术学院产品艺术设计专业校友作品集》（以下简称《作品集》）在不到一个月的时间内，收集了历届校友设计的258件已落地的优秀产品（作品），并终于在校庆前夕编辑完成。

感谢广东省工业设计协会胡启志会长、广东轻工职业技术学院卢坤建院长、艺术设计学院桂元龙院长，他们为《作品集》的编写提出了高屋建瓴的构架意见，并在百忙中亲自撰写序言。

《作品集》作品的征集，并没有遵循常规，以校友的毕业先后时间为编排轴线，而是采用了分区域征集的方式。一来，校友们在产业界已形成"广轻效应"，在广州市、深圳市和其他珠江三角洲地区享有良好的口碑；二来，旨在反映不同届校友之间彼此互联，互动共享的超级网络。以一本厚重、务实的《作品集》来反映广东轻工职业技术学院的莘莘学子，在进入工业设计产业界之后的继续实践和成长，是我们编辑此集的初衷。

《作品集》的设计制作由校友与教师团队共同负责；校稿与审核由教师团队负责。

特此感谢各区域负责人黎坚满、梁永、朱雍、李享福、李超、周雄、冯少海、冯永运、张法娟、高林斌等校友的积极组织与无私奉献。感谢孙海婴、杨淳、易显钦、薄斌、廖乃徵等老师的熬夜校对；感谢黎坚满、华世任校友、金元彪老师在装帧设计方面的精益求精。

编辑过程中的几点情况，在此特别说明：第一，《作品集》从提议到最终确定独立成册，只有不到一个月的时间，其间能联系到的校友十分有限，未能全面展现广轻学子的社会影响力，也对此次作品未能被收入《作品集》的校友们表示歉意；第二，由于版面限制，每人的入选作品量有所限定；第三，部分提交作品的文件存在印刷瑕疵，或同类型产品过多，我们不得不忍痛割爱，删减了一部分，在此希望得到各位校友的理解。另外，有多位校友的精彩作品尚在保密期，或尚未申请署名权，而无法收入《作品集》，为此我们深感遗憾。《作品集》只是一个广轻工业设计作品展示的开始，未来会有更多、更好的作品，以完整呈现广东轻工职业技术学院产品设计人才的培养和成长过程，我们期待校友们更加精彩的设计创作！

最后，由于编录时间有限，编录人员皆非专职，可能存在部分疏漏，望读者海涵，并及时予以指正！

伏波

2018 年 10 月

与时代同行 1997~2018

——广东轻工职业技术学院产品艺术设计专业校友作品集

编 委 会

主　编：桂元龙　伏　波

编　委：黎坚满　梁　永　朱　雍　李享福　李　超　周　雄　冯少海　冯永运

　　　　张法娟　高林斌　孙海婴　杨　淳　金元彪　易显钦　薄　斌　廖乃徵

图书在版编目（CIP）数据

与时代同行：1997~2018：广东轻工职业技术学院
产品艺术设计专业校友作品集 / 桂元龙，伏波主编 . ——
北京：经济科学出版社，2018.10
　　ISBN 978-7-5141-9864-5

　　I. ①与… II. ①桂… ②伏… III. ①产品设计 – 作品集
– 中国 – 现代 IV. ① TB472

中国版本图书馆 CIP 数据核字（2018）第 235375 号

责任编辑：刘怡斐
责任校对：杨　海
版式设计：黎坚满
责任印制：邱　天

与时代同行 1997~2018
广东轻工职业技术学院产品艺术设计专业校友作品集
桂元龙　伏波　主编
经济科学出版社出版、发行新华书店经销
社址：北京市海淀区阜成路甲 28 号　邮编：100142
编辑部电话：010-88191348　发行部电话：010-88191522
网址：www.esp.com.cn
电子邮件：esp@esp.com.cn
天猫网店：经济科学出版社旗舰店
网址：http://jjkxcbs.tmall.com
北京中科印刷有限公司印装
787×1092　16 开　17.5 印张　400000 字
2018 年 10 月第 1 版　2018 年 10 月第 1 次印刷
ISBN 978-7-5141-9864-5　定价：158.00 元
（图书出现印装问题，本社负责调换。电话：010-88191510）
（版权所有　侵权必究　打击盗版　举报热线：010-88191661
QQ：2242791300　营销中心电话：010-88191537
电子邮箱：dbts@esp.com.cn）